Lösungen

Lernfeld Bautechnik

Stuckateur

(Best.-Nr. 3586)

von

M. Boes
J. Hansen
Dr. K. Köhler
D. Leithold
A. Schmelzle-Böhmländer
H. Schulze-Reichert
F. Weidner
T. Wieland
R. Witt

Handwerk und Technik · Hamburg

ISBN 978-3-582-38782-0
Best.-Nr. 35861
III/ab der 3. Auflage

ISBN 978-3-582-38790-5
Best.-Nr. 35862
eLöser – III/ab der 3. Auflage

Verlag Handwerk und Technik GmbH,
Lademannbogen 135, 22339 Hamburg; Postfach 63 05 00, 22331 Hamburg – 2022
E-Mail: info@handwerk-technik.de – Internet: www.handwerk-technik.de

Satz: Olaf Schlierf, Type und Design, 29331 Lachendorf, CMS – Cross Media Solutions GmbH, Würzburg
Umschlagmotiv: Shutterstock Images LLC, New York, USA: (©Andreas Saldavs)
Technische Zeichnungen: Sperling Info Design GmbH, 30989 Gehrden
Druck: TeamOnline GmbH, 22848 Norderstedt

Lernfeld 7: Putzen eines Wohnraumes

1) – Schaffen eines ebenen Untergrundes zur Aufnahme von Wandbelägen oder eines Anstriches.
– Ausgleichen von Maß- und Winkelabweichungen des Rohbaus.
– Gestalten der fertigen Oberfläche durch die Wahl der Auftragstechnik, der Farbgestaltung und die Art der Putzoberfläche.
– Schaffen einer luftdichten Gebäudehülle und damit Sicherstellung des Schall-, Wärme- und Feuchteschutzes von Außenbauteilen.
– Verbesserung des Raumklimas durch die Fähigkeit, Wasserdampf aus der Raumluft aufzunehmen, zu speichern und nach dem Absinken des Feuchtegehaltes der Raumluft wieder an diese abzugeben (Sorptionsvermögen).

2) – Die verwendeten Putzmörtel müssen DIN EN 998-1, DIN EN 13914 und DIN 18550 entsprechen.
– Es muss eine gute und gleichmäßige Haftung auf dem Putzgrund vorhanden sein.
– Zwischen den einzelnen Putzlagen muss ein guter Verbund bestehen.
– Der Putzmörtel muss ein gleichmäßiges Gefüge besitzen.
– Die Festigkeit des Putzes muss dem jeweils vorhandenen Putzgrund angepasst werden.

3) Lösung siehe 7.1.3, Seite 4 – „Innenputze mit besonderen Eigenschaften"

4) Lösung siehe 7.1.4, Seite 5 – Abb. 1

5) Lösung siehe 7.1.4, Seite 5 – Putzregel „weich auf hart"

6) Wenn erst ein Teil einer Putzlage aufgetragen und vorgezogen und anschließend nass-in-nass oder frisch-in-frisch die restliche Putzlage aufgetragen wird, um die vorgesehene Gesamtputzdicke zu erhalten, so handelt es sich um einen **zweischichtigen, einlagigen Putz.**
Bei einem **zweilagigen Putz** wird die nächste Schicht erst aufgetragen, nachdem das darunter aufgebrachte Material bereits verfestigt ist.
Beispiele: individuelle Lösung

7) Die mittlere Putzdicke von Innenputzen muss bei auf der Baustelle hergestelltem Mörtel 15 mm (zulässige Mindestdicke 10 mm) und bei der Verwendung von Werktrockenmörtel 10 mm (zulässige Mindestdicke 5 mm) betragen.

8) Lösung siehe 7.2.1, Seite 6 - „Mineralische Putzmörtel: Bestandteile und deren Aufgabe"

9) Lösung siehe 7.2.1, Seite 6 – Tabelle „Putzmörtel/Putzarten (mineralisch) nach DIN 18550", ergänzt durch praktische Erfahrungen der Auszubildenden.

10) Unterschiede insbesondere beim Bindemittel (mineralisch, organisch), der Lieferform (i. d. R. Werktrockenmörtel bzw. verarbeitungsfähige pastöse Massen), dem Abbindevorgang (chemisch bzw. physikalisch).

11) Bei der Verarbeitung darf sowohl die Luft- als auch die Untergrundtemperatur + 5 °C nicht unterschreiten.

12) Lösung siehe 7.2.3, Seiten 7 und 8 „Zusatzmittel und ihre Wirkung"

Aufgaben Seite 22

1) Lösung siehe 7.4.3, Seite 18 „Aufgaben von Putzträgern" und 7.4.4, Seite 19 „Aufgaben einer Putzbewehrung"

2) Lösung siehe 7.4.3, Seite 18 „Arten von Putzträgern"

3) Die Überlappung der Putzträger untereinander muss mindestens 100 mm betragen. Den angrenzenden Putzgrund müssen sie mindestens 200 mm überlappen.

4) Lösung siehe 7.4.4, Seite 19 „Arten von Putzbewehrungen"

5) Lösung siehe 7.4.5, Seite 20 „Putzprofile für den Innenputz"

6) Die verwendeten Putzmörtel müssen gegen dauerhaft einwirkende Feuchtigkeit beständig sein. Gipsputzmörtel können deshalb nicht in Feuchträumen eingesetzt werden.

Aufgaben Seite 29

1) Lösung siehe 7.5.2, Seite 27 „Fahrbare Arbeitsbühnen"

2) Wenn Geräte mit einer elektrischen Leistung von zusammen mehr als 1 000 Watt angeschlossen werden, muss das Kabel von der Trommel abgewickelt werden.

3) Lösung siehe 7.5.3, Seite 28 „Aufstellen transportabler Silos"

4) Das maschinelle Verputzen hat folgende Vorteile:
- geringere körperliche Belastung durch den Entfall des manuellen Mischens,
- gleichbleibende Mörtelqualität durch werkseitige Mischung als Trockenmörtel,
- besserer Verbund mit dem Putzgrund und gleichmäßige Verdichtung des Putzes durch hohen Spritzdruck,
- Zeit- und Kostenersparnis durch hohe Förderleistung.

Durch den Einsatz von Werktrockenmörtel als Siloware ergeben sich weitere Vorteile:
- Einsparung manueller Arbeitsgänge (Säcke abladen, lagern, vor Witterung schützen, wieder aufnehmen, in die Maschine füllen, entsorgen),
- Schutz der Materialien vor Witterungseinflüssen und vor Diebstahl,
- Baustelle ist aufgeräumt und sauber.

5) Beim Verlegen der Schläuche ist darauf zu achten, dass diese nicht über scharfe Kanten gezogen werden oder über scharfe Kanten laufen, um Beschädigungen der Schläuche zu vermeiden. Die Schläuche dürfen auch nicht abgeknickt werden, um Verstopfer zu vermeiden.
Werden Schläuche an Konstruktionsteilen wie z. B. Gerüsten befestigt, so ist darauf zu achten, dass diese die auftretenden Kräfte auch aufnehmen können. Die Befestigung erfolgt durch spezielle Schlauchhaken.

6) Lösung siehe 7.5.3, Seite 29 „Beseitigen von Verstopfern und Reinigung"

1) Bei dieser Aufgabe soll der Schüler eigenständig Lösungen suchen.
Auf eine Vorgabe in Form eines Lösungsvorschlages wird deshalb verzichtet.

2) Wenn nichts anderes vereinbart wird, schuldet der Unternehmer die Qualitätsstufe 2.

Bei abgezogener Putzoberfläche geeignet z. B. für:
- dekorative Oberputze ≥ 2,0 mm
- Wandbeläge aus Keramik, Natur- und Kunststein etc.

Bei geglätteter Putzoberfläche geeignet z. B. für:
- Dekorative Oberputze > 1,0 mm
- mittel- bis grobstrukturierte Wandbekleidungen, z. B. Raufasertapeten
- matte, gefüllte Anstriche/Beschichtungen (z. B. Dispersionsanstrich), die mit grober Lammfell- oder Strukturrolle aufgetragen werden.

Gefilzte oder abgeriebene Putzoberflächen sind geeignet für:
- matte, nicht strukturierte Anstriche/Beschichtungen

Abgeriebene Putzoberflächen sind auch geeignet für:
- grobstrukturierte Wandbekleidungen z. B. Raufasertapeten

3) Lösung siehe 7.6.3, Seite 38 „Fensteranschlüsse"

1) Aufmaß Wandinnenputz und Deckenputz

Auftraggeber: ______________________________ **Aufmaß**

Baustelle/-teil: Ausstellungsraum Blatt Nr.: 1

Art der Arbeit: **Innenputzarbeiten** Datum: 03.03.2022

Pos. Nr.	Bezeichnung	Stück +	Stück –	Abmessungen in m: Länge	Breite	Höhe	Mess-gehalt in m^2	Abzug in m^2	reiner Messgehalt
1	**Innenputz**								
	Wand 1	1		4,50		2,85	12,83		
	Fenster Wand 1		2		1,20	2,25		5,40	
	Wand 2	1		7,80		2,85	22,23		
	Fenster Wand 2		1		2,10	0,65		~~1,37~~	(kein Abzug!)
	Fenster Wand 2		1		2,10	1,65		3,47	
	Wand 3	1		5,70		2,85	16,25		
	Fenster Wand 3		2		1,20	1,650		~~3,96~~	(kein Abzug!)
	Wand 4	1		3,00		2,85	8,55		
	Fenster Wand 4		1		2,10	0,65		~~1,37~~	(kein Abzug!)
	Wand 5	1		1,20		2,85	3,42		
	Wand 6	1		4,80		2,85	13,68		
	Tür Wand 6		1		2,10	2,10		4,41	
	Tür Wand 6		1		0,885	2,135		~~1,89~~	(kein Abzug!)
							76,96	**13,28**	**63,68 m²**
1.1	**Laibungen Innenputz**								
	Fenster W 1, seitliche L.	4				2,25	9,00		
	Sturz	2			1,20		2,40		
	Fenster W 2, seitliche L.	2				0,65	1,30		
	Sturz	1			2,10		2,10		
	Fenster W 2, seitliche L.	2				1,65	3,30		
	Sturz	1			2,10		2,10		
	Fenster W 3, seitliche L.	4				1,65	6,60		
	Sturz	2			1,20		2,40		
	Fenster W 4, seitliche L.	2				0,65	1,30		
	Sturz	1			2,10		2,10		
							32,60		**32,60 m²**
2	**Deckenputz**								
		1		7,80	4,50		35,10		
		1		3,00	1,20		3,60		
							38,70		**38,70 m²**
Aufgestellt		Anerkannt				Summe/ Übertrag			

2) Materialbedarfsberechnung Wandinnenputz und Deckenputz

Materialliste	Verbrauch pro m²	Verlust-faktor	Aufmaß-fläche m²	Größe der Liefereinheit	Materialbedarf exakt	aufgerundet
Wandinnenputz						
Aufbrennsperre	0,10 kg	1,08	63,68	15 kg/Eimer	0,46	1 Eimer
Maschinengipsputz $d = 13$ mm	13,00 kg	1,08	63,68	30 kg/Sack	29,80	30 Sack
Deckenputz						
organische Putzhaftbrücke	0,25 kg	1,08	38,70	20 kg/Eimer	0,52	1 Eimer
Haftputzgips $d = 10$ mm	8,00 kg	1,08	38,70	30 kg/Sack	11,15	12 Sack

3) Kostenberechnung Wandinnenputz

Materialliste	Verbrauch pro m²	Verlust-faktor	Kosten € pro Liefereinheit	Größe der Liefereinheit	Materialkosten
Aufbrennsperre	0,10 kg	1,08	43,70	15 kg/Eimer	0,31 €/m²
Maschinengipsputz $d = 13$ mm	13,00 kg	1,08	5,90	30 kg/Sack	2,76 €/m²
1. Summe der Materialkosten					**3,07 €/m²**
	Summe der Zeit-aufwandswerte h/m²		**Vollkosten-stundensatz €/h**		
2. Vollkosten	0,292		59,20		**17,29 €/m²**
3. Einheitspreis = Materialkosten + Vollkosten					**20,36 €/m²**
	Einheitspreis €/m²		**Aufmaßfläche m²**		
4. Nettosumme	20,36		63,68		**1.296,52 €**
	+ 19% Mehrwertsteuer				**246,34 €**
5. Bruttosumme = Nettosumme + Mehrwertsteuerbetrag					**1.542,86 €**

Aufgabe Seite 50

3) Kostenberechnung Deckenputz

Materialliste	**Verbrauch pro m²**	**Verlust-faktor**	**Kosten € pro Liefereinheit**	**Größe der Liefereinheit**	**Materialkosten**
organische Putzhaftbrücke	0,25 kg	1,08	60,80	20 kg/Eimer	0,82 €/m²
Haftputzgips *d* = 10 mm	8,00 kg	1,08	7,60	30 kg/Sack	2,19 €/m²
1. Summe der Materialkosten					**3,01 €/m²**
	Summe der Zeit-aufwandswerte h/m²		**Vollkosten-stundensatz €/h**		
2. Vollkosten	0,43		59,20		**25,46 €/m²**
3. Einheitspreis = Materialkosten + Vollkosten					**28,47 €/m²**
	Einheitspreis €/m²		**Aufmaßfläche m²**		
4. Nettosumme	28,47		38,70		**1.101,79 €**
	+ 19 % Mehrwertsteuer				209,34 €
5. Bruttosumme = Nettosumme + Mehrwertsteuerbetrag					**1.311,13 €**

Aufgabe Seite 62

Gestaltungsaufgabe

Bei dieser Aufgabe soll der Schüler eigenständig Lösungen suchen. Auf eine Vorgabe in Form eines Lösungsvorschlages wird deshalb verzichtet.

Aufgaben Seite 63

1) Bei dieser Aufgabe soll der Schüler eigenständig Lösungen suchen.
Auf eine Vorgabe in Form eines Lösungsvorschlages wird deshalb verzichtet.

2) Lösung siehe 7.1.4, Seite 5 Putzregel „weich auf hart“

3) Die Abkürzung VOB steht für Vergabe- und Vertragsordnung von Bauleistungen.

4) Einheitspreisvertrag: Regelvertrag, allgemein üblich
Pauschalvertrag: Bei genau erfassbarer Leistung, z. B. Fertiggaragen, typisierte Kläranlagen
Stundenlohnvertrag: Bei kleinen und lohnintensiven Arbeiten, z. B. Umbauten, Altbausanierung

5) Der Einheitspreisvertrag: Regelfall bei Bauleistungen, keine Besonderheiten erkennbar, die eine andere Vertragsart notwendig erscheinen lassen.

6) Lösung siehe 7.7.3, Seite 43 „Aufmaß und Abrechnung von Innenputzarbeiten“

7) Lösung siehe 7.5.1, Seite 25 „Anmelden von Bedenken“

8) – Ebenflächig, maßgerecht und winkelgenau,
– trocken,
– rau,
– einheitlich,
– tragfähig, formstabil,
– rissfrei,
– frostfrei,
– frei von Verunreinigungen und Ausblühungen,
– Mauerwerksfugen geschlossen, Überbindemaß eingehalten.

9) Lösung siehe 7.4.1, Seite 15 „Prüfverfahren und Putzgrundvorbereitung“

10) Die Bauteil- und Umgebungstemperatur von mindestens + 5 °C darf während des Auftragens und der Dauer des Erhärtungsvorganges nicht unterschritten werden.

11) Faustregel: 1 Tag pro mm Schichtdicke
Die Standzeit ist abhängig
– von der Dicke des Putzes,
– vom Saugverhalten des Putzgrundes,
– vom Feuchtegehalt des Putzgrundes,
– vom Bindemittel des Putzes,
– und von den klimatischen Bedingungen (Temperatur, Luftfeuchte, Wind, Sonneneinstrahlung).

12) Weitere Möglichkeiten sind Spritzbewurf und Tiefgrund.
Siehe 7.4.6, Seiten 21…23 „Verputzempfehlungen“

13) Im Bereich der Vorwandinstallation im WC und des Installationsschachtes im Bad.

14) Lösung siehe 7.4.5, Seite 20 „Putzprofile für den Innenputz“

15) Die Menge an Kantenprofilen entspricht etwa der Länge der Laibungen des Aufmaßes (überschlägig 35 m).

16) Lösung siehe 7.4.4, Seite 19 Abbildung „Putzbewehrung bei Fenstern“

17) Für die Qualitätsstufen 2 und 3. Wenn jedoch nichts vereinbart ist, ist der Putz nach Qualitätsstufe 2 auszuführen.

18) Gipsputze dürfen nicht in Feuchträumen eingesetzt werden.

19) Lösung siehe 7.6.1, Seite 37 „Wand-Decken-Anschluss“

20) Wird der Wandputz ohne Trennung bis zur Rohdecke ausgeführt, so wird auch dieser gestaucht und es muss mit Rissen bzw. Ablösungen gerechnet werden.

21) Bei dieser Aufgabe soll der Schüler eigenständig Lösungen suchen.
Auf eine Vorgabe in Form eines Lösungsvorschlages wird deshalb verzichtet.

22) Lösung siehe 7.5.5, Seiten 32/33 „Putzweisen“

23) Lösung siehe 7.7.6, Seite 49 „Kosten eines Stuckateurbetriebes je Stunde“

Angebotsbearbeitung Innenputzarbeiten/Aufmaß

Auftraggeber: ______________________________

Baustelle/-teil: Einfamilienhaus Musterstadt

Art der Arbeit: **Innenputzarbeiten**

Aufmaß

Blatt Nr.: 1

Datum: 06.02.2022

Pos. Nr.	Bezeichnung	Stück +	Stück -	Abmessungen in m Länge	Breite	Höhe	Mess-gehalt	Abzug in m²	reiner Messgehalt
1.4.10	**Deckenputz Haftputzgips**								
	Küche	1		2,42	4,01		9,70 m²		
	Wohnen	1		7,76	4,01		31,12 m²		
	Schlafen	1		3,26	4,01		13,07 m²		
	Flur	1		3,17	1,62		5,14 m²		
	Abzug Kamin		1	0,65	0,25			0,16	
	Bad	1		2,08	2,31		4,80 m²		
	Abzug Schacht		1	0,26	0,75			0,20	
	WC	1		1,01	2,31		2,33 m²		
	Vorraum	1		2,32	3,26		7,56 m²		
							73,72 m²	**0,36**	**73,36 m²**
1.4.40	**Wandputz Maschinenputzgips**								
	Schlafzimmer	2		3,26		2,76	18,00 m²		
		2		4,01		2,76	22,14 m²		
	Wohnzimmer	2		7,76		2,76	42,84 m²		
		2		4,01		2,76	22,14 m²		
	Abzug Verglasung mit Tür		1		4,01	2,635		10,57	
	Abzug Eckverglasung		1		2,01	1,635		3,29	
							105,12 m²	**13,86**	**91,26 m²**
1.4.60	**Laibungen Wandputz**								
	Schlafzimmer								
	Eckverglasung	2				1,635	3,27 m		
	Wohnzimmer								
	Verglasung mit Tür	2				2,635	5,27 m		
	Eckverglasung	2				1,635	3,27 m		
							11,81 m		**11,81 m**
1.5.60	**Wandputz Kalkzementputz**								
	Küche	2		2,42		2,76	13,36 m²		
		2		4,01		2,76	22,14 m²		
	Bad	2		2,08		2,76	11,48 m²		
		2		2,31		2,76	12,75 m²		
	WC	2		1,01		2,76	5,58 m²		
		2		2,31		2,76	12,75 m²		
	Flur	2		3,17		2,76	17,50 m²		
		2		1,62		2,76	8,94 m²		
	Vorraum	2		2,32		2,76	12,81 m²		
		1		3,26		2,76	9,00 m²		
	Abzug Hauseingangstür		1		1,51	2,635		3,98	
							126,31 m²	**3,98**	**122,33 m²**
1.5.80	**Laibungen Wandputz**								
	Küche	2				2,635	5,27 m²		
	Bad	2				0,76	1,52 m²		
	WC	2				0,76	1,52 m²		
							8,31 m²		**8,31 m**

Pos. Nr.	Bezeichnung	Stück +	Stück –	Abmessungen in m Länge	Breite	Höhe	Messgehalt	Abzug in m²	reiner Messgehalt
1.6.80	**Modellierputz**								
	Flur	2		3,17		2,76	17,50 m²		
		2		1,62		2,76	8,94 m²		
	Vorraum	2		2,32		2,76	12,81 m²		
		1		3,26		2,76	9,00 m²		
		1		1,26		2,76	3,48 m²		
	Abzug Hauseingangstür		1		1,51	2,635		3,98	
							51,73 m²	**3,98**	**47,75 m²**

Angebotsbearbeitung Innenputz/Kostenberechnung

Pos. 1.4.10	**Verbrauch pro m²**	**Verlustfaktor**	**Kosten € pro Liefereinheit**	**Größe der Liefereinheit**	**Materialkosten**
Haftputzgips $d = 10$ mm	8,00 kg	1,08	7,60	30 kg/Sack	2,19 €/m²
	Summe der Zeitaufwandswerte h/m²		**Vollkostenstundensatz €/h**		
	0,37		59,20		21,90 €/m²
	Einheitspreis				**24,09 €/m²**

Pos. 1.4.40	**Verbrauch pro m²**	**Verlustfaktor**	**Kosten € pro Liefereinheit**	**Größe der Liefereinheit**	**Materialkosten**
Maschinenputzgips $d = 10$ mm	10,00 kg	1,08	5,90	30 kg/Sack	2,12 €/m²
	Summe der Zeitaufwandswerte h/m²		**Vollkostenstundensatz €/h**		
	0,25		59,20		14,80 €/m²
	Einheitspreis				**16,92 €/m²**

Pos. 1.5.60	**Verbrauch pro m²**	**Verlustfaktor**	**Kosten € pro Liefereinheit**	**Größe der Liefereinheit**	**Materialkosten**
Kalkzementputz $d = 10$ mm	14,00 kg	1,08	6,90	30 kg/Sack	3,48 €/m²
	Summe der Zeitaufwandswerte h/m²		**Vollkostenstundensatz €/h**		
	0,30		59,20		17,76 €/m²
	Einheitspreis				**21,24 €/m²**

Pos. 1.6.80	**Verbrauch pro m²**	**Verlustfaktor**	**Kosten € pro Liefereinheit**	**Größe der Liefereinheit**	**Materialkosten**
Modellierputz $d = 3$ mm	3,75 kg	1,08	9,75	30 kg/Sack	1,32 €/m²
	Summe der Zeitaufwandswerte h/m²		**Vollkostenstundensatz €/h**		
	0,30		59,20		17,76 €/m²
	Einheitspreis				**19,08 €/m²**

Brutto-Angebotssumme für das Gewerk Innenputz

Die Lösung erfolgt durch Ausfüllen des Leistungsverzeichnisses auf den Seiten 64…66. Wegen der selbst zu recherchierenden Einheitspreise ist die Lösung schülerabhängig. (kursiv geschriebene Werte sind schülerabhängig)

Pos. Nr.	Bezeichnung	Menge	Einheitspreis	Gesamtpreis
1.1	**Putzgrundvorbereitung**			
1.1.10	Schließen von Fehlstellen (Gips)	1 Stück	*45,00 €*	Nur EP!
1.1.20	Gipshaftbrücke	73,36 m²	3,61 €	264,83 €
1.1.30	Gips-Aufbrennsperre	91,26 m²	2,38 €	217,20 €
1.1.40	Bestich zur Herstellung der Luftdichtheit	*3,00* m²	14,55 €	43,65 €
1.1	**Summe Putzgrundvorbereitung**			**525,68 €**
1.2	**Putzprofile**			
1.2.10	Eckprofile	*30,00* m	*8,19 €*	245,70 €
1.2.20	Putzleisten	*45,00* m	*8,19 €*	368,55 €
1.2	**Summe Putzprofile**			**614,25 €**
1.3	**Putzbewehrung**			
1.3.10	Armierungsgewebe	*10,00* m²	*6,00 €*	60,00 €
1.3	**Summe Putzbewehrung**			**60,00 €**
1.4	**Gips-Innenputz**			
1.4.10	Deckenputz Q2, gefilzt	73,36 m²	24,09 €	1.767,24 €
1.4.20	Zulage Deckenputz Q3	73,36 m²	*4,00 €*	293,44 €
1.4.40	Wandputz, geglättet	91,26 m²	16,92 €	1.544,12 €
1.4.60	Laibungen Wandputz	11,81 m	*16,00 €*	188,96 €
1.4	**Summe Gips-Innenputz**			**3.793,76 €**
1.5	**Kalkzement-Innenputz**			
1.5.60	Wandputz als Unterputz Q2	122,33 m²	21,24 €	2.598,29 €
1.5.80	Laibungen Wandputz	8,31 m	*17,50 €*	145,43 €
1.5	**Summe Kalkzement-Innenputz**			**2.743,72 €**
1.6	**Oberputz innen**			
1.6.10	Edelputz-Haftgrundierung	47,75 m²	*4,30 €*	Nur EP!
1.6.80	Edel-Modellierputz fein	47,75 m²	17,70 €	845,18 €
1.6.120	Laibungen Oberputz	0,00 m	*16,00 €*	0,00 €
1.6	**Summe Oberputz innen**			**845,18 €**
1.7	**Stundenlohnarbeiten**			
1.7.10	Facharbeiter-Mittellohn	*10,00* h	59,20 €/h	592,00 €
1.7	**Summe Stundenlohnarbeiten**			**592,00 €**
Kostenzusammenstellung – Innenputz				
1.1 Putzgrundvorbereitung				525,68 €
1.2 Putzprofile				614,25 €
1.3 Putzbewehrung				60,00 €
1.4 Gips-Innenputz				3.793,76 €
1.5 Kalkzement-Innenputz				2.743,72 €
1.6 Oberputz innen				845,18 €
1.7 Stundenlohnarbeiten				592,00 €
Nettosumme				9.174,59 €
19 % MwSt.				1.743,17 €
Gesamtsumme				**10.917,76 €**

Lernfeld 8: Putzen einer Außenwand

1) – Gestaltung der Fassade unter Berücksichtigung funktionaler und ästhetischer Gesichtspunkte,
– Schutz der Gebäudehülle vor Witterungseinflüssen (z. B. Niederschläge und Schlagregen) und Umweltfaktoren (z. B. Luftverschmutzung),
– Verhinderung der Einströmung von Außenluft in die Wandkonstruktion (winddichte Schicht),
– Aufnahme von Spannungen aus Temperaturwechseln und damit die Vermeidung von Rissbildung,
– Schutz vor mechanischen Einwirkungen (z. B. Stoßbelastungen),
– Gewährleistung ausreichender Wasserdampfdurchlässigkeit, um das Austrocknen evtl. anfallender Feuchtigkeit zu ermöglichen,
– Minimierung des Algen- und Pilzbefalls.

2) – Verbesserung des Wärmeschutzes der Außenwand durch den Einsatz von Wärmedämmputzen,
– Sanierung feuchtebelasteter Bauteile durch den Einsatz von Sanierputzen,
– Erhöhung der Feuerwiderstandsdauer eines Bauteils durch den Einsatz von Brandschutzputzen.

3) Lösung siehe 8.2 , Seiten 70...72 „Putzarten nach Verwendungszweck“

4) Lösung siehe 8.2.8, Seite 72 „Außensockelputz“

5) Lösung siehe 8.2, Seiten 70...72 „Putzarten nach Verwendungszweck“

6) Der Einsatz von Putzprofilen ermöglicht die rationelle, saubere und funktionale Herstellung von Kanten, Putzabschlüssen sowie Dehn- und Bewegungsfugen.

7) Lösung siehe 8.3.3, Seiten 76 „Putzprofile für den Außenputz“

8) Lösung siehe 8.3.3, Seiten 76 Abbildungen „Putzprofile für den Außenputz“

9) Beim Anbringen der Putzprofile ist auf ausreichenden Korrosionsschutz durch eine mindestens 3 mm starke Überdeckung durch den Oberputz, einen Anstrich oder einen PVC-Überzug zu achten. Bei der Verwendung organisch gebundener Spachtelmassen oder Putze müssen Edelstahlprofile oder verzinkte Profile mit einem PVC-Überzug verwendet werden.

10) Bei dieser Aufgabe soll der Schüler eigenständig Lösungen suchen.
Auf eine Vorgabe in Form eines Lösungsvorschlages wird deshalb verzichtet.

1) Aufmaß Wandaußenputz

Auftraggeber: ______________________________________ **Aufmaß**

Baustelle/-teil: Ausstellungsraum Blatt Nr.: 1

Art der Arbeit: **Außenputzarbeiten** Datum: 03.03.2022

Pos. Nr.	Bezeichnung	Stück +	Stück –	Abmessungen in m: Länge	Breite	Höhe	Mess-gehalt	Abzug in m²	reiner Messgehalt
1	**Außenputz**								
	Wand 1	1		6,34		2,85	18,07 m²		
	Fenster Wand 1		2		1,16	2,23		5,17	
	Wand 2	1		8,44		2,85	24,05 m²		
	Fenster Wand 2		1		2,06	0,63		~~1,30~~	(kein Abzug!)
	Fenster Wand 2		1		2,06	1,63		3,36	
	Wand 3	1		6,34		2,85	18,07 m²		
	Fenster Wand 3		2		1,16	1,63		~~3,78~~	(kein Abzug!)
	Wand 4	1		3,64		2,85	10,37 m²		
	Fenster Wand 4		1		2,06	0,63		~~1,30~~	(kein Abzug!)
	Wand 5	1		1,20		2,85	3,42 m²		
	Wand 6	1		2,66		2,85	7,58 m²		
	Türe Wand 6		1		2,10	2,10		4,41	
	Wand 7	1		1,20		2,85	3,42 m²		
	Wand 8	1		2,14		2,85	6,10 m²		
	Fenster Wand 8		1		0,56	0,63		~~0,35~~	(kein Abzug!)
							91,08 m²	**12,94**	**78,14 m²**
1.1	**Laibungen Außenputz**								
	Fenster W 1, seitliche L.	4				2,23	8,92 m		
	Sturz	2			1,16		2,32 m		
	Fenster W 2, seitliche L.	2				0,63	1,26 m		
	Sturz	1			2,06		2,06 m		
	Fenster W 2, seitliche L.	2				1,63	3,26 m		
	Sturz	1			2,06		2,06 m		
	Fenster W 3, seitliche L.	4				1,63	6,52 m		
	Sturz	2			1,16		2,32 m		
	Fenster W 4, seitliche L.	2				0,63	1,26 m		
	Sturz	1			2,06		2,06 m		
	Fenster W 8, seitliche L.	2				0,63	1,26 m		
	Sturz	1			0,56		0,56 m		
							33,86 m		**33,86 m**
Aufgestellt			Anerkannt			Summe/ Übertrag			

Aufgaben Seite 88

2) Materialbedarfsberechnung Wandaußenputz

Materialliste	Verbrauch pro m²	Verlust-faktor	Aufmaß-fläche m²	Größe der Liefereinheit	Materialbedarf exakt	aufgerundet
Wandaußenputz						
Kalkzementleichtputz *d* = 17 mm	17,85 kg	1,08	78,14	30 kg/Sack	50,21	51 Sack
Kalkputz *d* = 3 mm	3,90 kg	1,08	78,14	30 kg/Sack	10,97	11 Sack

3) Kostenberechnung Wandaußenputz

Materialliste	Verbrauch pro m²	Verlust-faktor	Kosten € pro Liefereinheit	Größe der Liefereinheit	Materialkosten
Kalkzementleichtputz *d* = 17 mm	17,85 kg	1,08	7,40	30 kg/Sack	4,76 €/m²
Kalkputz *d* = 3 mm	3,90 kg	1,08	9,75	30 kg/Sack	1,37 €/m²
1. Summe der Materialkosten					**6,13 €/m²**
	Summe der Zeit-aufwandswerte h/m²		**Vollkosten-stundensatz €/h**		
2. Vollkosten	0,60		59,20		**35,52 €/m²**
3. Einheitspreis = Materialkosten + Vollkosten					**41,65 €/m²**
	Einheitspreis €/m²		**Aufmaßfläche m²**		
4. Nettosumme	41,65		78,14		**3.254,53 €**
	+ 19 % Mehrwertsteuer				**618,36 €**
5. Bruttosumme = Nettosumme + Mehrwertsteuerbetrag					**3.872,89 €**

Aufgabe Seite 99

Projektaufgabe

Bei dieser Projektaufgabe soll der Schüler eigenständig Lösungen suchen.
Auf eine Vorgabe in Form eines Lösungsvorschlages wird deshalb verzichtet.

Lernfeld 9: Ziehen und Ansetzen eines Stuckprofiles

Aufgaben Seite 106

1) Der Begriff Stuck ist von dem italienischen Begriff stucco abgeleitet.

2) Es kommt auf den Baustil des Hauses/der Wohnung, auf die Farbgebung und auf das Formengefühl der Bewohner an.

3) Die ersten Stuckarbeiten gab es in Ägypten.

4) Das Rokoko war die hohe Zeit der Stuckateure.

5) Der Jugendstil verwendete vorwiegend geschwungene Formen.

6) Flächenhafte Ornamentik unter Aufgabe der Symmetrien ist ein typisches Merkmal des Jugendstils.

Aufgaben Seite 108

1) Die einfachsten Profilformen sind das Rechteck und der Kreis.

2) Erhabene Profilformen schauen von der Wandoberfläche in den Raum, während vertiefte Profilformen in die Wand ragen.

3) Wenn sich das Stuckprofil öfters kreuzt.

4) Es gibt die Kehle, den Grat und die Verkröpfung.

Aufgaben Seite 113

1) Stuckteile können durch Ziehen, Modellieren oder Gießen hergestellt werden.

2) Es wird zwischen Innenstuck und Fassadenstuck unterschieden.

3) Die Flügelschablone ist nur für den Ortzug geeignet.

4) Der Zugort und die Stuckprofilform beeinflussen die Bauart einer Stuckschablone.

5) Die Grundformen sind Kopfschablone, Mittelschablone, Drehbank und Flügelschablone.

Aufgaben Seite 116

1) Durch Zugabe von Luftkalk und allen Arten von Säuren kann das Abbindeverhalten von Stuckgips verzögert werden.

2) Der Zugtisch für die Baustelle sollte leicht zu montieren, demontieren und so Platz sparend wie möglich sein.

3a) Es gibt den Schleppzug und den Scharfzug.

3b) Beim Schleppzug weist das Sattelholz in Zugrichtung und beim Scharfzug weist das Profilblech in Zugrichtung.

4) Wenn der Gips so wenig wie möglich bewegt, das Stuckprofil so schnell wie möglich aufgebaut und das Abbindeverhalten des Gipses berücksichtigt wird.

5) Die Zugarbeiten sollten abgeschossen sein, bevor der Gips heiß wird.

Aufgaben Seite 118

1) Um die Machbarkeit des Zuges zu gewährleisten, da der Gips sich um 1 Volumenprozent beim Abbinden ausdehnt.

2a) Es gibt Kerne aus Sand, Gips und Dämmplattenstreifen.

2b) Sandkerne werden bevorzugt, wenn nur einzelne Stuckprofile zu ziehen sind.
Gipskerne sind bei Herstellung einer größeren Anzahl von Stuckprofilen zu bevorzugen.
Dämmstoffplattenstreifen sind bei anschließender flächiger Verklebung zu bevorzugen.

3) Es dürfen keine Hinterschneidungen vorhanden sein. Der Gipskern darf sich nicht vom Zugtisch lösen. Das eigentliche Stuckprofil muss sich leicht vom Gipskern lösen.

4) Damit bei auftretenden Spannungen kein Riss im Stuckprofil auftritt.

5) Die Schalendicke sollte 2…3 cm betragen.

6) Der Kern aus Dämmplattenstreifen verbleibt im Stuckprofil, während bei einem Kern aus Sand oder Gips das Stuckprofil hohl ist.

Aufgaben Seite 120

1) Wenn die Oberfläche, auf die das Stuckprofil angebracht werden soll, uneben und/oder verdreht ist.

2) Weniger stumpfe Stöße, da bis auf je ein kurzes Stück am Stuckprofilanfang und -ende am Stück gezogen wird. Geringere Anpassarbeiten vor oder nach dem Anbringen des Stuckprofiles, da Unebenheiten des Untergrundes ausgeglichen werden können.

3) Normale Stuckschablone für den Ortzug, wobei zusätzlich eine Vorschablone, Steckbleche oder ein Lappen für die Verkleinerung des Vorzuges (etwa 5 mm) benötigt wird.

4) Dass bei den Vorarbeiten und beim Schablonenbau berücksichtigt werden muss, ob ein verputzter oder unverputzter Untergrund vorhanden ist.

5) Auf Drahtputzkonstruktionen ist der Wandzug zu bevorzugen.

6) Der Fertigzug sollte etwa 5 mm stark sein.

Aufgaben Seite 122

1) Materialien als Baustellenmischung oder Werktrockenmörtel der Kategorie GP/LW CS II/III.

2) Auftretendes Wasser muss unmittelbar abfließen können.

3) Schleppzug, da beim Ziehen der Mörtel verdichtet wird und dadurch die Wasseraufnahmefähigkeit reduziert wird.

4) Die Einhaltung von Materialstandzeiten, Mindest- und Maximalschichtdicken, sorgfältiges Verdichten beim Ziehen und ein abschließender Schutzanstrich verlängern die Dauerhaftigkeit von Fassadenstuckprofilen.

Aufgaben Seite 125

1) Dass Stuckprofile am Einbauort passend an- und zusammengeklebt sowie eingeputzt werden können.

2) Es gibt zwei unterschiedliche Schnitte, den rechtwinkligen Schnitt und den Gehrungsschnitt.

3) Als Hilfsmittel können eine Gehrungslade, eine Schneideplatte oder ein Winkelmesser benutzt werden.

4) Lage des Stuckprofiles anzeichnen, Aufrauen des Untergrundes und der Klebeflächen mit einem Gitterschnitt, Klebeflächen trocken abbürsten, Vornässen des Untergrundes und der Stuckprofilklebeflächen, Kleber anmachen, Kleber wulstförmig auf allen Stuckprofilklebeflächen auftragen, Stuckprofil ansetzen, Lage des Stuckprofiles kontrollieren, Stuckprofil sichern, eventuelle Beschädigungen mit Kleber ausfüllen.

5) Wenn beim Ansetzen der Stuckprofile an allen Klebeflächenkanten so viel Kleber austritt, dass nach dem Anziehen des Klebers dieser flächenbündig ohne Fehlstellen abgezogen werden kann.
Das Werkzeug sollte so auf dem Stuckprofil geführt werden, dass das Stuckprofil nicht verletzt oder verändert wird.
An Außenkanten sollte das Werkzeug von der Kante weg geführt werden.

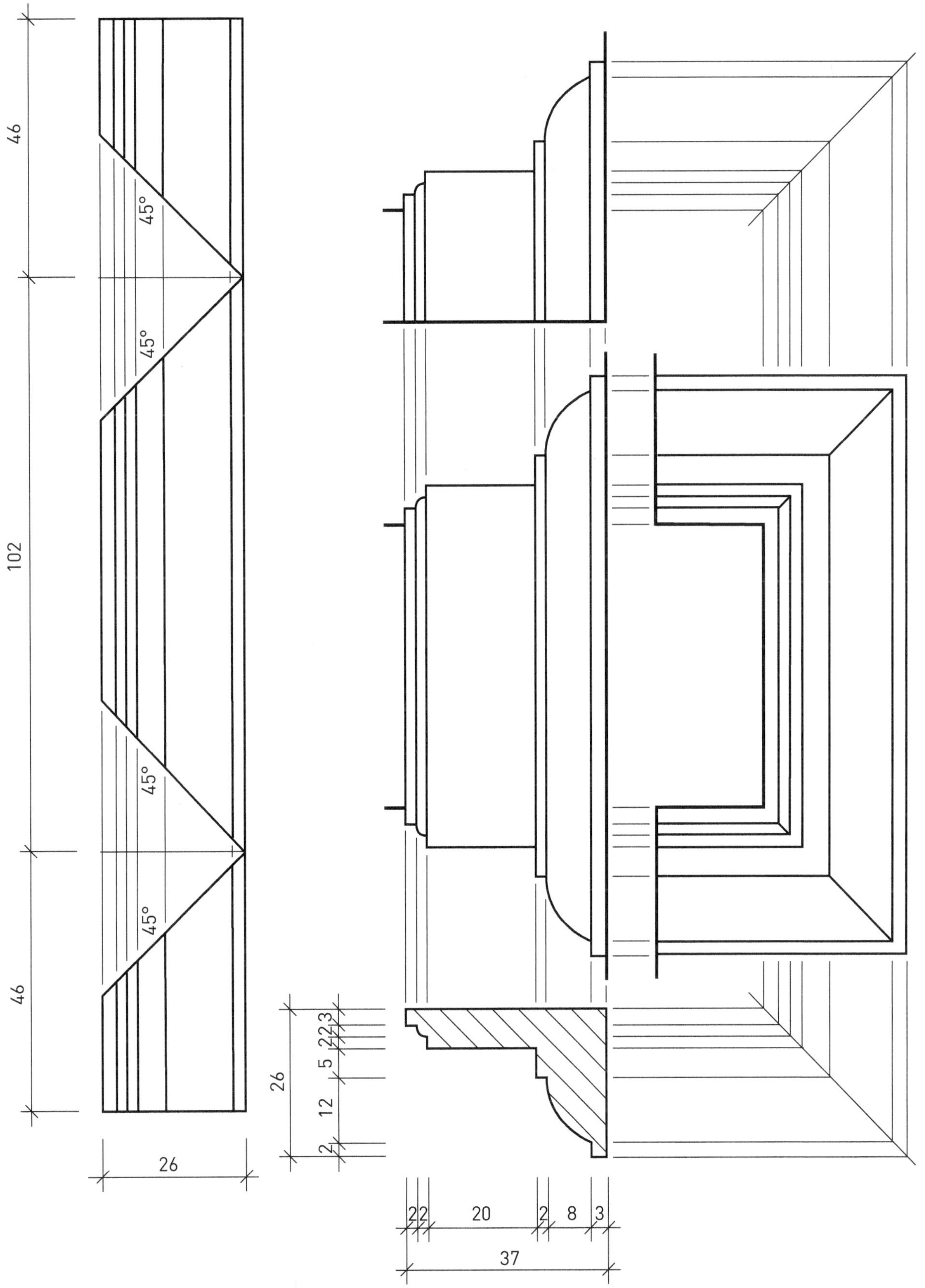

Name:	Benennung:	Seite: 128/1
Datum:	Stuckprofil 1	Maßstab: 1:10

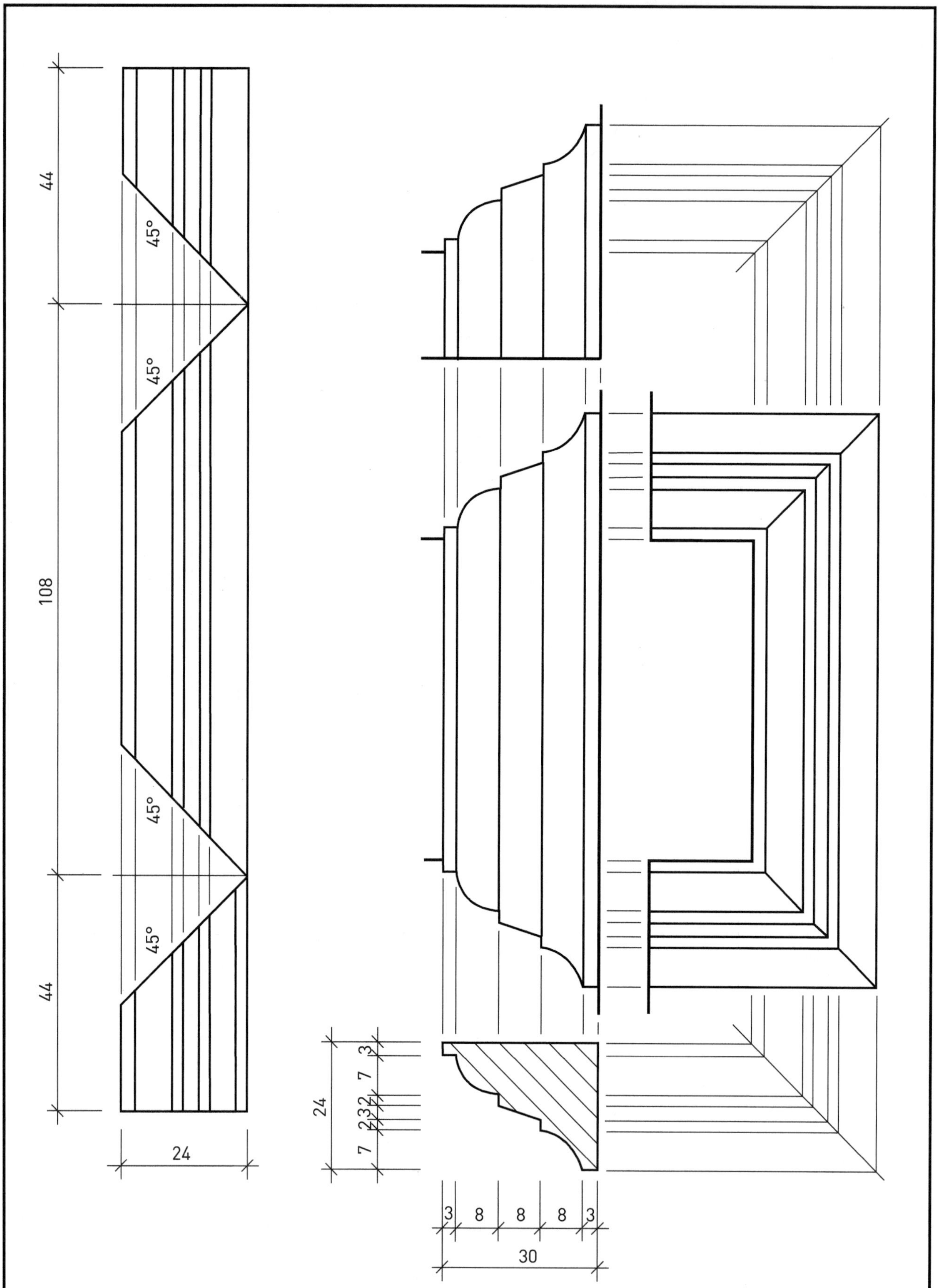

Name:	Benennung:	Seite: 128/2
Datum:	Stuckprofil 2	Maßstab: 1:10

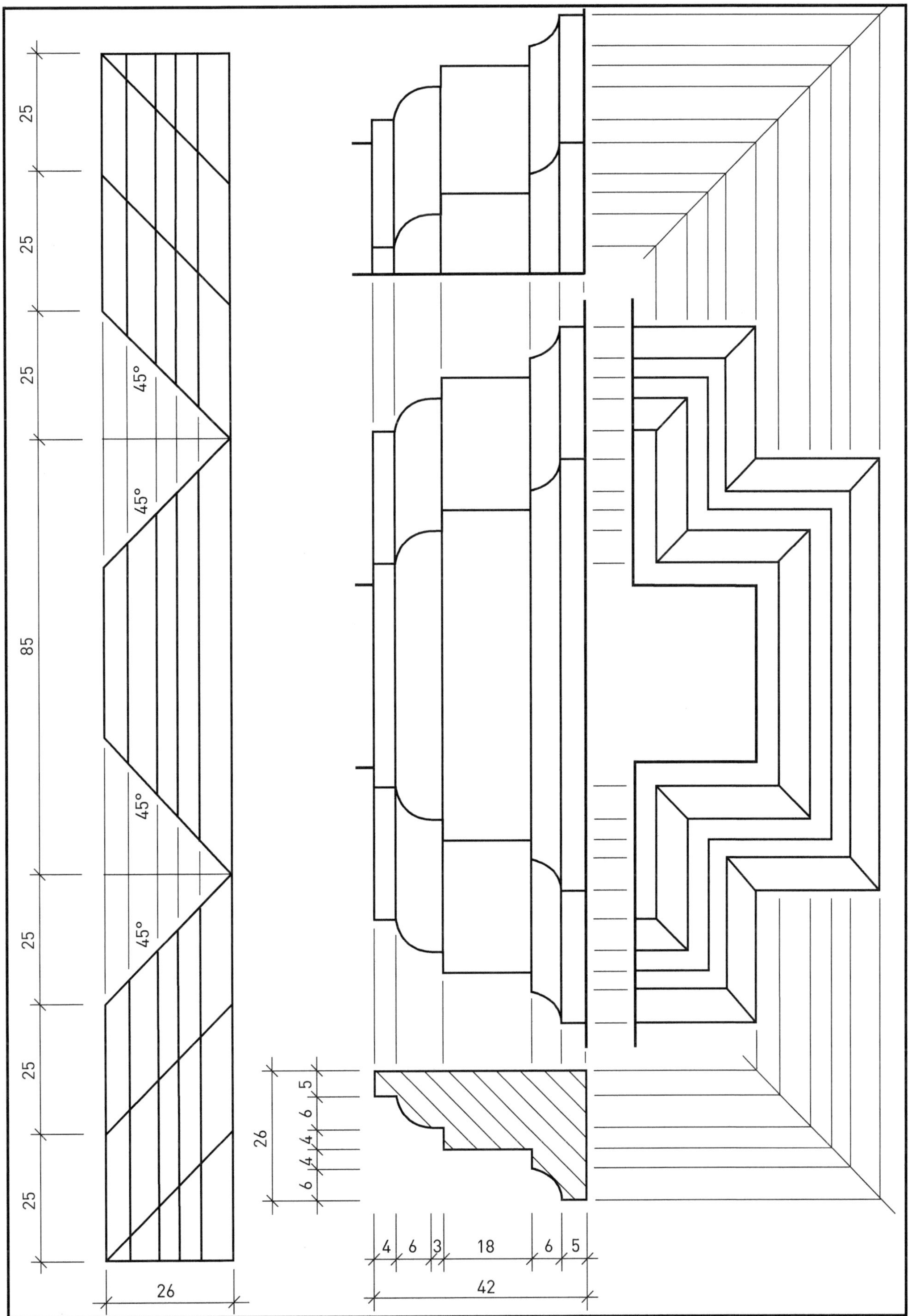

Name:	Benennung:	Seite: 129/3
Datum:	Stuckprofil 3	Maßstab: 1:10

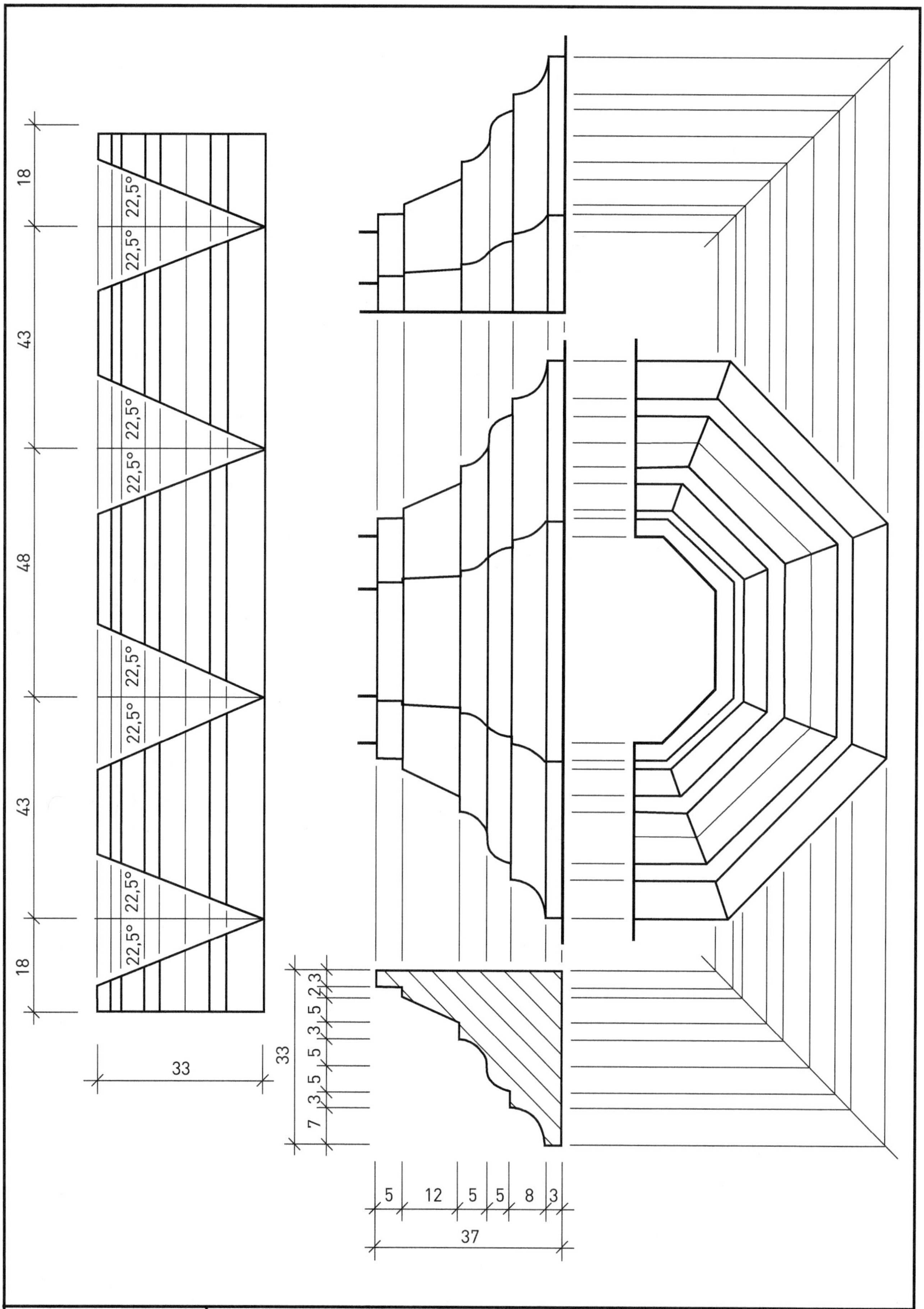

Name:	Benennung:	Seite: 129/4
Datum:	Stuckprofil 4	Maßstab: 1:10

1)

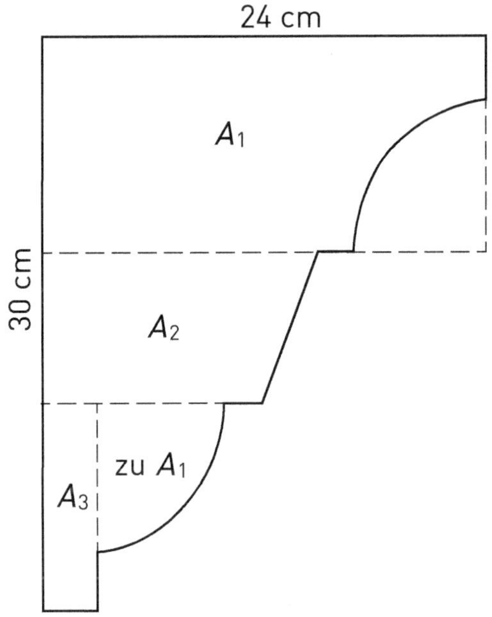

Berechnung:

Die Länge und der Verlust sind aus der Musteraufgabe zu entnehmen.

Querschnittsfläche:

$A_1 = 24\text{ cm} \cdot 11\text{ cm} \qquad = 264\text{ cm}^2$

$A_2 = \frac{15\text{ cm} + 12\text{ cm}}{2} \cdot 8\text{ cm} = 108\text{ cm}^2$

$A_3 = 3\text{ cm} \cdot 11\text{ cm} \qquad = \ 33\text{ cm}^2$

$A_{gesamt} = 264\text{ cm}^2 + 108\text{ cm}^2 + 33\text{ cm}^2 = \underline{405\text{ cm}^2} = \underline{4{,}05\text{ dm}^2}$

Mörtelbedarf:

$V = 4{,}05\text{ dm}^2 \cdot 30\text{ dm} = 121{,}5\text{ dm}^3 = \underline{121{,}5\text{ l}}$

Gesamtmörtelbedarf:

$121{,}5\text{ l} \cdot 1{,}08\ [8\ \%] = \underline{131{,}22\text{ l}}$

Trockenmenge:

$131{,}22\text{ l} : 1{,}1\text{ l/kg} = \underline{119{,}29\text{ kg}}$

Anmachwasser:

$119{,}29\text{ kg} \cdot 0{,}7\text{ l/kg} = \underline{83{,}503\text{ l}}$

2)

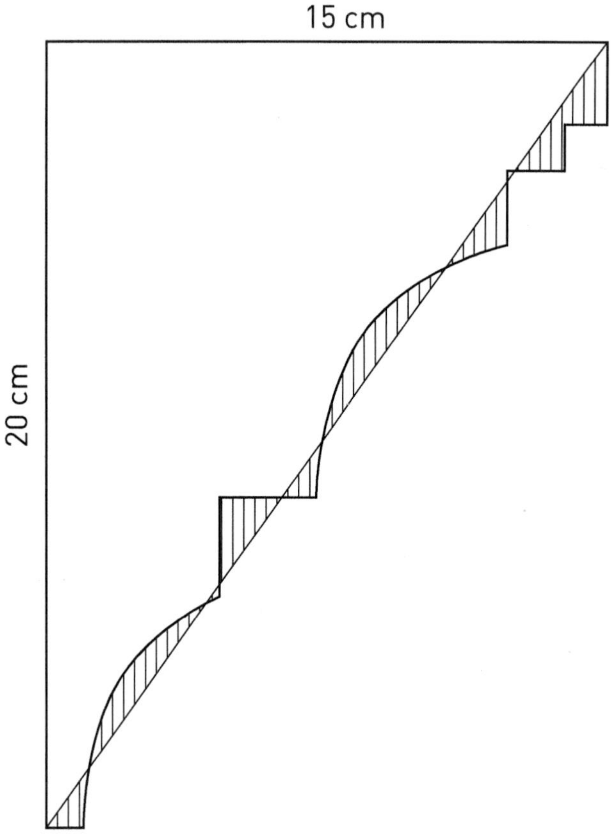

Raumgrundfläche: $6 \text{ m} \cdot 6 \text{ m} = 36 \text{ m}^2$

Raumumfang: $4 \cdot 6 \text{ m} = 24 \text{ m}$

Mörtelbedarf:

$A = \frac{20 \text{ cm} \cdot 15 \text{ cm}}{2} = 150 \text{ cm}^2 = 1{,}5 \text{ dm}^2$

$V = 1{,}5 \text{ dm}^2 \cdot 240 \text{ dm} = \underline{360 \text{ dm}^3} = \underline{360 \text{ l}}$

a) Berechnung mit 2 % Verlust

b) Berechnung mit 5 % Verlust

Gesamtmörtelbedarf:

a) $V_{\text{gesamt}} = 360 \text{ l} \cdot 1{,}02 = \underline{367{,}2 \text{ l}}$

b) $V_{\text{gesamt}} = 360 \text{ l} \cdot 1{,}05 = \underline{378 \text{ l}}$

Trockenmörtel:

a) $367{,}2 \text{ l} : 1{,}1 \text{ kg/l} = \underline{333{,}82 \text{ kg}} = \underline{333\,820 \text{ g}}$

b) $378 \text{ l} : 1{,}1 \text{ kg/l} = \underline{343{,}64 \text{ kg}} = \underline{343\,640 \text{ g}}$

Anmachwasser:

a) $333{,}82 \text{ kg} \cdot 0{,}7 \text{ l/kg} = \underline{233{,}67 \text{ l}} = \underline{0{,}23367 \text{ m}^3}$

b) $343{,}64 \text{ kg} \cdot 0{,}7 \text{ l/kg} = \underline{240{,}55 \text{ l}} = \underline{0{,}24055 \text{ m}^3}$

3)

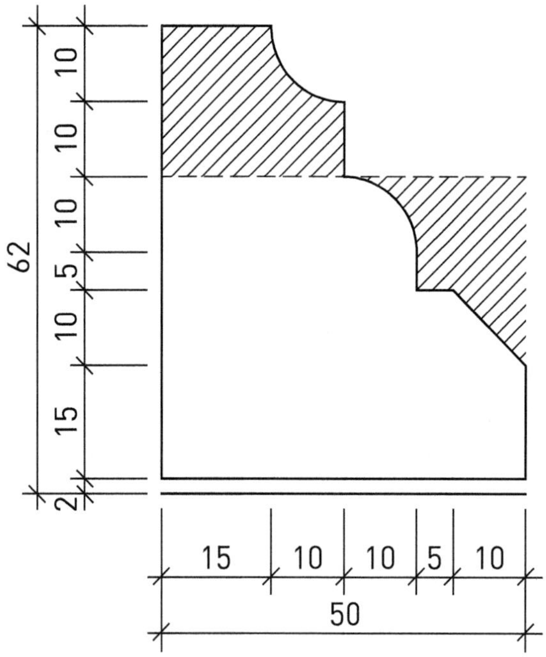

Mörtelbedarf:

$A = 5 \text{ cm} \cdot 4 \text{ cm} = 20 \text{ cm}^2$

$V = 20 \text{ cm}^2 \cdot 2200 \text{ cm} = 44\,000 \text{ cm}^3 = 44 \text{ dm}^3 = 44 \text{ l}$

Verlust ($\cdot$ 1,1) und Ergiebigkeit (: 1,1 kg/l) heben sich auf, deshalb weiterer Rechenablauf:

$44 \text{ l} \cdot 0{,}7 = 30{,}8 \text{ l} = 30{,}8 \text{ kg}$ ($\varrho = 1{,}0 \text{ kg/dm}^3$)

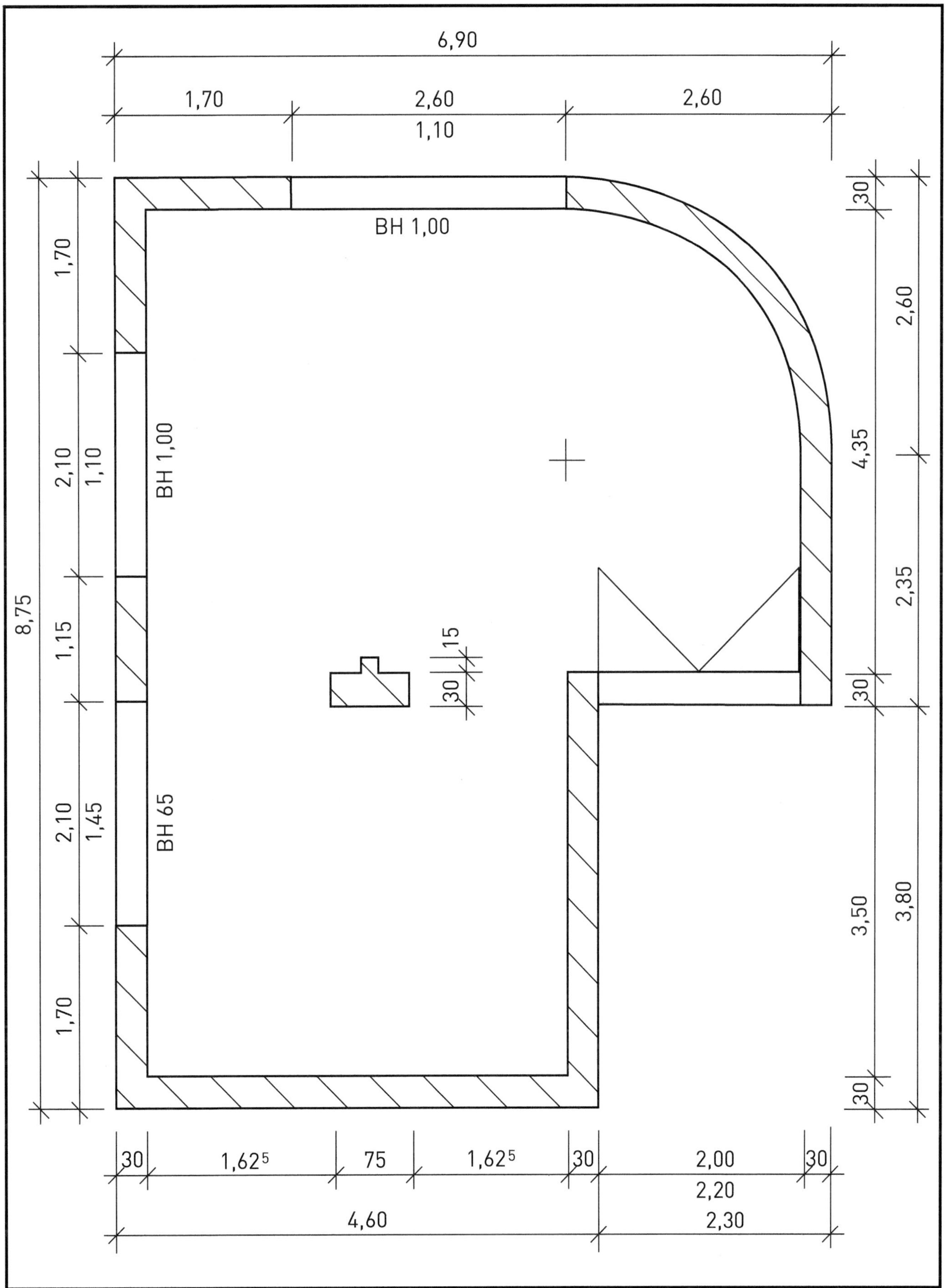

Name:	Benennung:	Seite: 132/1
Datum:	Pavillon, Grundriss	Maßstab: 1:50

2)

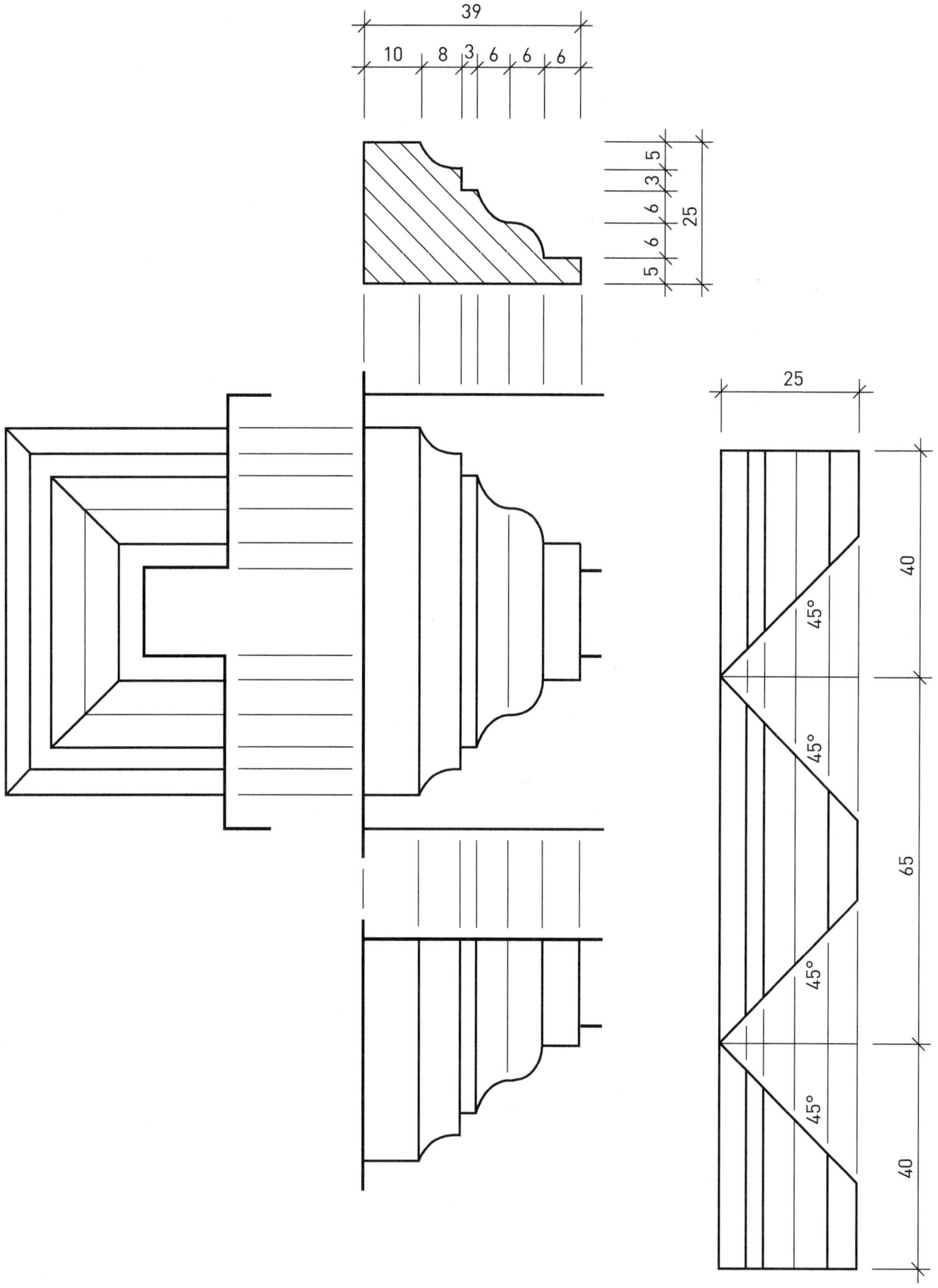

Name:	Benennung: Freistehende Stütze	Seite: 132/2
Datum:		Maßstab: 1:10

3)

Ort/Pos.	+	–	Länge	Breite	Höhe	Ergebnis	Gesamt
Raum	1		8,75 m			8,75 m	
	2		4,00 m			8,00 m	
	1		4,05 m			4,05 m	
Viertelkreis	1		4,08 m			4,08 m	
	1		2,85 m			2,85 m	
Pfeiler	2		0,40 m			0,80 m	
	1		0,65 m			0,65 m	31,23 m

4)

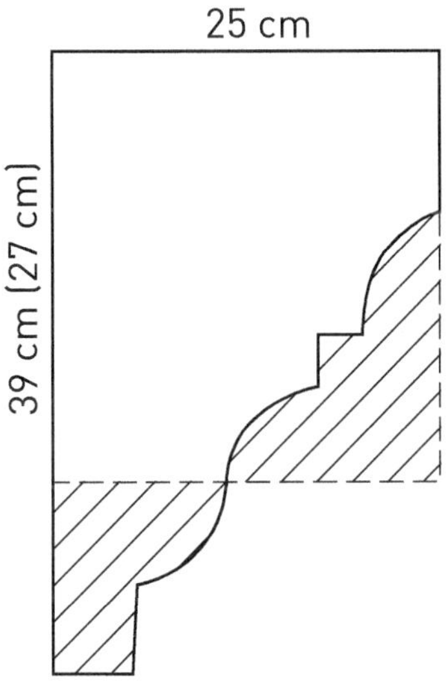

5) Mörtelbedarf:

$A = 25\ \text{cm} \cdot 27\ \text{cm} = \underline{675\ \text{cm}^2} = \underline{6{,}75\ \text{dm}^2}$

$V = 675\ \text{cm}^2 \cdot 312{,}3\ \text{cm} = 210\,802{,}5\ \text{cm}^3 = \underline{210{,}8025\ \text{dm}^3} = \underline{210{,}8025\ \text{l}}$

Gesamtmörtelbedarf:

$V_{\text{gesamt}} = 210{,}8025\ \text{l} \cdot 1{,}08 = \underline{227{,}667\ \text{l}}$

Trockenmörtel:

$227{,}667\ \text{l} : 1{,}1\ \text{kg/l} = \underline{206{,}97\ \text{kg}}$

Anmachwasser:

$206{,}97\ \text{kg} \cdot 0{,}7\ \text{l/kg} = \underline{144{,}879\ \text{l}}$

6) Bei dieser Aufgabe soll der Schüler eigenständig Lösungen suchen.
Auf eine Vorgabe in Form eines Lösungsvorschlages wird deshalb verzichtet.

Lernfeld 10: Erstellen einer Wand in Trockenbauweise

1) – nichttragende innere Trennwände
– Wandbekleidungen, Wandvorsatzschalen
– Deckenbekleidungen, Unterdecken
– Fertigteilestriche
– Dämmung und Bekleidung von Dachschrägen usw.

2) Vorteile des Trockenausbaus:
– geringe Baufeuchte, deshalb kurze Wartezeiten und damit ein beschleunigter Bauablauf
– geringe flächenbezogene Massen und dadurch weniger Belastung des Gesamtbauwerks
– große Anpassungsfähigkeit bei Anforderungen an den Schall-, Brand- und Wärmeschutz
– einfache Integration haustechnischer Installationen
– Möglichkeit einer maßgenauen Vorfertigung
– abhängig von der Konstruktionsart leicht abzubauende oder umzusetzende Bauteile
– vielfältige Materialauswahl und Gestaltungsmöglichkeiten

Nachteile des Trockenausbaus:
– Lasten aus angrenzenden Bauteilen können nicht aufgenommen werden.
– Aufgrund ihrer Zusammensetzung aus meist feuchtigkeitsempfindlichen Materialen sind in feuchtebelasteten Räumen besondere Maßnahmen zur Vermeidung von Feuchteschäden notwendig.
– Um alle bauphysikalischen Anforderungen an das Bauteil zu erfüllen, sind ein höherer Planungsaufwand und eine maßgenaue Ausführung erforderlich.

3) einschalige Plattenwände und zweischalige Montagewände

4) – Ausreichende Standsicherheit
– Raumtrennung und Raumgestaltung
– den Anforderungen entsprechender Schall-, Brand- und Feuchteschutz
– Wärmedämmung zwischen unterschiedlich temperierten Räumen
– Strahlenschutz, falls die Raumnutzung dies erfordert
– Aufnahme wandhängender Lasten

5) – konstruktive Ausführung
– Randanschlüsse (4-seitig, 3-seitig oder nur an Boden und Decke)
– Art und Größe von Öffnungen
– durch die Raumnutzung bedingte Einteilung in Einbaubereich 1 oder 2 gemäß DIN 4103-1

1)

Plattenart (Kennzeichen)	ϱ (kg/m³)	Farbe
hohe Rohdichte (D)	1100 ... 1500	rötlich
mittlere Rohdichte (M)	800 ... 1100	natur (weiß)
geringe Rohdichte (L)	600 ... 800	gelblich
hydrophobiert		bläulich
stark hydrophobiert		grünlich

2) Materialien ohne Berücksichtigung von Öffnungen
- Randdämmstreifen
- Kleber auf Gipsbasis
- Gipsmörtel für Anschlussfugen
- Flächenspachtel

3)
- Nach dem Aufmaß wird der Wandverlauf mit Schlagschnur und Richtscheit an den angrenzenden Bauteilen angezeichnet.
- Nun wird ein Randdämmstreifen umlaufend an Boden, Wänden und Decke angebracht.
- Die erste Plattenreihe mit einem Kleber auf Gipsbasis versetzen. Falls die Nut oben ist, muss die Feder auf der Unterseite abgesägt werden. Die Fugen satt mit Kleber füllen, und die letzte Platte am Wandanschluss passgenau zugeschnitten einsetzen. Schon die erste Reihe muss lot- und fluchtrecht ausgerichtet werden.
- Die nächsten Reihen mit jeweils versetzten Stoßfugen im Verband mit dem Gipskleber versetzen.
- Der herausgequollene Kleber muss abgenommen und über die Fugen verstrichen werden.
- Die oberste Plattenreihe wird am Deckenanschluss schräg abgeschnitten und eingekippt. Die Anschlussfuge ist mit Gipsmörtel vollständig zu füllen.
- Wandecken, T-förmige Anschlüsse und Wandkreuzungen müssen im Verband verzahnt ausgeführt werden.
- Bei Bedarf die Wandoberfläche komplett mit einem geeigneten Flächenspachtel überziehen.

4) Bei Öffnungen über 1,0 m Breite ist im Sturzbereich eine waagerechte Bewehrung, z. B. aus Schlitzbandeisen, in gefräste Nuten einzuspachteln. Sie muss seitlich jeweils mindestens 50 cm in die Wand einbinden.

5) Einbaubereich 1 : $h = 4{,}50$ m
Einbaubereich 2 : $h = 4{,}00$ m

6) Vorteile:
- schneller Aufbau,
- glatte, ebene Oberflächen,
- sehr guter preiswerter Brandschutz,
- die Wände können bei Ansatz eines Nutzlastzuschlags ohne weiteren statischen Nachweis an beliebiger Stelle auf der Decke erstellt werden.

Nachteile:
- Die Wände können keine Deckenlasten aufnehmen und nicht zur Gebäudeaussteifung herangezogen werden.
- Aufgrund ihrer geringen flächenbezogenen Masse bieten sie nur geringen Schallschutz.
- Bei größeren Bodendurchbiegungen besteht die Gefahr von Schubrissen.

Aufgaben Seite 140

1) Metallständerwände, Holzständerwände, Installationswände, (Riegelwände)

2)

Profile	Flanschbreite in mm	Steghöhe in mm
UW 50/UW 75/UW 100	40	50/75/100
CW 50/CW 75/CW 100	50 (48,8)	48,8/73,8/98,8

3) Vorteile von Metallunterkonstruktionen gegenüber Holzunterkonstruktionen:
- Unterkonstruktion maßgenauer
- Wandsysteme mit besseren Schall- und Brandschutzwerten
- einfachere Installationsführung durch Ausstanzungen in den CW-Profilen

Aufgaben Seite 142

1)
- Bauplatten (GKB bzw. Typ A)
- Feuerschutzplatten (GKF bzw. Typ DF)
- Bauplatten imprägniert (GKBI bzw. Typ H2)
- Feuerschutzplatten imprägniert (GKFI bzw. Typ DFH2)

2) Imprägnierte Gipsplatten eignen sich für Räume mit zeitweise erhöhter Luftfeuchtigkeit und häusliche Feuchträume, z. B. Badezimmer. Grundsätzlich dürfen aber auch sie nicht in Nassräumen und gewerblichen Feuchträumen verwendet werden.

3)

Gipsplatten für Montagewände		
Dicke in mm	Breite in mm	Länge in mm
12,5	1250	2000, 2500, 2600, 2750, 3000
15 18	1250	2000, 2500
20 25	625	2000, 2500, 2600

Kantenformen: AK (abgeflachte Kante), HRAK (halbrunde abgeflachte Kante), RK (runde Kante) HRK (halbrunde Kante), VK (volle Kante), WK (Winkelkante)

4) Gipsfaserplatten haben eine höhere Rohdichte, Druck- und Biegefestigkeit als Gipsplatten. Die Biegefestigkeiten sind infolge der gleichmäßig verteilten Faserbewehrung im Gegensatz zu Gipsplatten in Plattenlängs- und querrichtung gleich. Die Verwendung und Verarbeitung von Gipsfaserplatten für Montagewände entspricht im Wesentlichen der von Gipsplatten.

Aufgrund fehlender brennbarer Bestandteile sind Gipsvliesplatten nicht brennbar, Baustoffklasse A1. Sie werden bei sehr hohen Brandschutzanforderungen eingesetzt. Es sind dann dünnere Beplankungen als mit GKF-Platten möglich. Die Biegefestigkeit ist in allen Plattenrichtungen gleich.

5) Zementgebundene Leichtbetonplatten oder Perliteplatten.
Diese Platten sind wasserbeständig sowie schimmelresistent und quellen bei Wasseraufnahme nicht. Sie sind in allen Feucht- und Nassräumen einsetzbar.

1)
- UW- und CW-Profile
- Anschlussdichtung
- Dübel
- Gipsplatten
- Schnellbauschrauben
- Dämmstoffplatten
- Fugenbewehrungsstreifen, falls erforderlich
- Fugenspachtel (und Feinspachtel falls erforderlich)

2) Herstellen der Unterkonstruktion:
- Aufmaß von Wandlängen und -höhen
- Lage der Unterkonstruktionsaußenkante an Boden, Wand und Decke aufreißen
- Unebenheiten angrenzender Bauteile mit (Gips-) Mörtel ausgleichen
- UW-Anschlussprofile zuschneiden und mit der Anschlussdichtung versehen
- UW-Profile an Boden und Decke mit geeigneten Befestigungsmitteln im Abstand ≤ 80 cm verankern
- CW-Profile zuschneiden (Länge 10...15 mm geringer als das Lichtmaß zwischen den UW-Profilstegen)
- CW-Randanschlussprofile mit Anschlussdichtung versehen und an den angrenzenden Wänden im Abstand ≤ 100 cm verankern
- freistehende CW-Profile mit der offenen Seite in Montagerichtung in die UW-Profile einstellen, Regelachsabstand 62,5 cm; die CW-Profile an der Decke nicht mit dem UW-Profil verbinden

Beplanken der Unterkonstruktion:
- Gipsplatten zuschneiden, wandhohe Platten etwa 20 mm kürzer als die lichte Raumhöhe schneiden; Schnittkanten sauber schleifen und falls erforderlich anfasen
- senkrecht angeordnete Gipsplatten an einer Wandseite andrücken, ausrichten und mit Schnellbauschrauben im Abstand von 25 cm auf den CW-Profilen befestigen; Abstand zur kartonummantelten Plattenkante ≥ 10 mm, um ein Ausbrechen des Gipskerns zu vermeiden
- vom Plattenrand zur offenen Seite fortlaufend verschrauben, um Stauchungen zu vermeiden; oberste Schrauben wegen möglicher Deckenbewegungen mit $f \geq 10$ mm Abstand unterhalb vom UW-Profilflansch eindrehen
- Horizontalstöße bei nicht raumhohen Platten im oberen Wanddrittel anordnen und um mindestens 40 cm gegeneinander versetzen
- Installationsleitungen im Wandhohlraum verlegen, hierzu die H-Ausstanzungen der CW-Profile für Elektroleitungen aufbiegen
- Hohlraumdämmstoffplatten seitlich dicht ohne Fugen zwischen die CW-Profile klemmen, Mindestluftabstand zu einer Beplankungsseite 10 mm
- zweite Wandseite beplanken; Plattenstöße zur gegenüberliegenden Wandseite versetzt anordnen

Verspachtelung:
- Plattenfugen und Schraubköpfe fachgerecht verspachteln und falls erforderlich schleifen
- im Anschluss an massive Bauteile ein Klebeband als Trennstreifen anbringen und einen Bewehrungsstreifen stumpf einspachteln, um einen kontrollierten Eckriss zu gewährleisten; überstehendes Klebeband nach Erhärtung abschneiden

3) Zur Aussteifung sind die seitlichen Türlaibungen mit UA-Profilen zu verstärken.
Im Sturzbereich sind horizontal UW-Profile, die mit den UA-Profilen verschraubt werden, anzuordnen.
Bei Raumhöhen bis 2,60 m, Türbreiten ≤ 88,5 cm und einer Türblattmasse < 25 kg können statt der UA-Profile auch jeweils zwei ineinander verschachtelte oder mit Kanthölzern verstärkte CW-Profile verwendet werden.
Bei der Beplankung ist unbedingt darauf zu achten, dass keine Plattenstöße in Verlängerung der Türzarge liegen. Sie müssen zur Vermeidung von Rissbildungen oberhalb des Sturzes auf gesondert eingestellten CW-Profilen angeordnet werden.

4)
- einfach oder doppelt beplankt
- Hohlraumtiefe (100 mm besser als 50 mm)
- Zuordnung zu Einbaubereich 1 oder 2

5)
- Konstruktion mit UW 75- und CW 75-Profilen
- einfach beplankt mit 12,5 mm dicken Gipsplatten (deshalb Gesamtwanddicke 100 mm)
- Dämmung mit Mineralwolle (Dicke 60 mm, Rohdichte 50 kg/m^3).

Aufgabe Abschnitt 10.7

Aufmaß										
Baustelle:				**Aufsteller:**					**Blatt Nr. 1**	
Art der Arbeit: Metallständerwand CW 75 / 125 MW 60/40										
Pos. Nr.	**Bezeichnung**	**Stück**		**Abmessungen in m**			**Mess-gehalt**	**Abzug**	**Reiner Messgehalt**	
		+	–	**Länge**	**Breite**	**Höhe**				
1	**Metallständerwand**									
	Wand	1		1,625 + 0,875 + 2,55 – 5,05		2,50	12,625 m²		**12,625 m²**	
	Türöffnung übermessen									
2	**Wandabzweigungen**	2				2,50	5,00 m		**5,00 m**	
3	**Aussteifung im Durchgangsbereich**									
	Einbau UA-Profile seitl.	2				2,50	5,00 m		**5,00 m**	
	Einbau UW-Profil Sturz	1		0,90 (≤ 2,00 m)					**1 Stück**	
Aufgestellt:						Summe, Übertrag				
Anerkannt:										

Aufgabe Abschnitt 10.8

Materialbedarf - Metallständerwand CW 50/100 MW 40/100					
Material	**Verbrauch pro m²**	**Verlust-faktor**	**Wandfläche m²**	**Größe der Liefereinheit**	**Materialmengen (aufgerundet)**
GKBI-Platten	4,00 m²	1,10	47,50	3,13 m²/Platte	**67** Platten
UW 50	0,70 m	1,10	47,50	4,00 m/Stück	**10** Stück
CW 50	2,00 m	1,10	47,50	3,00 m/Stück	**35** Stück
Anschlussdichtung	1,20 m	1,10	47,50	30,00 m/Rolle	**3** Rollen
Dübel	1,50 Stück	1,10	47,50	100 Stück/Pack	**1** Pack
TN 25/35	12,50 Stück	1,10	47,50	1000 Stück/Pack	**1** Pack
TN 35 bzw. 45	29,00 Stück	1,10	47,50	1000 Stück/Pack	**2** Pack
MW-Platten	1,00 m²	1,10	47,50	0,78 m²/Platte	**67** Platten
Fugenspachtel	0,80 kg	1,10	47,50	25 kg/Sack	**2** Sack

KOSTENBERECHNUNG - Metallständerwand CW 75/100 MW 60/30					
Material	**Verbrauch pro m²**	**Verlust-faktor**	**Kosten € pro Liefereinheit**	**Größe der Liefereinheit**	**Materialkosten €/m²**
GF-Platten	2,00 m²	1,10	27,75	3,13 m²/Platte	19,50
UW-75	0,70 m	1,10	9,75	4,00 m/Stück	1,87
CW-75	2,00 m	1,10	6,30	3,00 m/Stück	4,62
Anschlussdichtung	1,20 m	1,10	11,55	30,00 m/Rolle	0,51
TN 25/35	29,00 Stück	1,10	10,00	1000,00 Stück/Pack	0,64
MW-Platten (Glaswolle)	1,00 m²	1,10	2,00	0,78 m²/Platte	2,82
Papierbew.-Streifen	1,50 m	1,10	15,90	75,00 m/Rolle	0,35
Fugenspachtel	0,40 kg	1,10	6,75	5,00 kg/Sack	0,60
Dübel	1,50	1,10	22,50	100,00	0,37
1. Summe der Materialkosten in €/m²					**31,28**

	Summe der Zeitaufwandswerte, h/m²	**Vollkostenstundensatz €/m²**	**Vollkosten €/m²**
Montagewand, einlagig beplankt	1,10		
2. Vollkosten in €/m²	1,10	59,40	**65,34**

3. Einheitspreis in €/m² = Materialkosten €/m² + Vollkosten €/m²	**96,62**

	Einheitspreis €/m²	**Aufmaßfläche m²**	
4. Nettosumme in €	96,62	38,70	**3.739,14**

	+ 19 % Mehrwertsteuer €	**710,44**
Bruttosumme in € = Nettosumme € + Mehrwertsteuerbetrag €		**4.449,58**

Aufgaben Seite 155

1) Die **Frequenz** bezeichnet die Anzahl der Schallschwingungen pro Sekunde und wird in **Hertz [Hz]** angegeben. Je schneller die Schwingungen, desto höher ist der Ton. Das menschliche Ohr kann in einem Frequenzbereich von 16 Hz bis maximal 20 000 Hz Geräusche wahrnehmen. Der bauakustische Messbereich umfasst eine Frequenzbreite von 100 Hz bis 3150 Hz.

   Mit dem **Schallpegel** wird die Lautstärke eines Geräuschs mit der Einheit **Dezibel [dB (A)]** beschrieben. Dieser ist dem menschlichen Ohr angepasst, d. h. 0 dB (A) kennzeichnet die menschliche Hörgrenze. Der Schallpegel L ist eine logarithmische Darstellung des Schalldrucks.

2)
   - Schallübertragung über die Luftmoleküle (Luftschall)
   - Schallübertragung in angrenzende Räume über durch Luftschall in Schwingung versetzte Körper (Körperschall)
   - Schallübertragung auf darunterliegende Räume durch das Begehen von Decken (Trittschall als Sonderform des Körperschalls)

3) $\boldsymbol{R}_W$ [dB] ist das bewertete Luftschalldämmmaß eines Bauteils **ohne** Berücksichtigung der Schallnebenwegsübertragung.

   $\boldsymbol{R}'_W$ [dB] ist das bewertete Luftschalldämmmaß eines Bauteils **unter** Berücksichtigung der Schallnebenwegsübertragung.

Aufgaben Seite 157

1) Für den Erhalt der Gesundheit, das Wohlbefinden, die Konzentrationsfähigkeit und den Schutz der Privatsphäre sind Gebäudebewohner auf einen ausreichenden baulichen Schallschutz angewiesen. Deshalb haben raumtrennende Bauteile je nach Art der Raumnutzung unterschiedliche Anforderungen an den Schallschutz zu erfüllen.

2) Je größer die flächenbezogene Masse m' von einschaligen Massivwänden ist, desto höher sind die erreichbaren Luftschalldämmwerte $R'_{W,R}$.

3) Leichte einschalige Massivwände, wie z. B. Wände aus Gipswandbauplatten, liefern aufgrund ihrer geringen flächenbezogenen Masse nur einen begrenzten Schallschutz. Leichtere zweischalige Montagewände dagegen erreichen mit ihren biegeweichen Schalen konstruktiv bedingt bessere Schalldämmwerte.

4) Geringere Schalldämmung infolge
   - nur einfacher statt doppelter Beplankung,
   - geringerer Wandhohlraumtiefe,
   - geringerer Dämmstoffdicke.

5) **Schalldämmung** bezeichnet die Schallreduzierung zwischen getrennten Räumlichkeiten.
   Maßnahmen zur Verbesserung der **Raumakustik** reduzieren den Geräuschpegel im Aufenthaltsraum oder dienen zur Lenkung von Schallwellen.

6)
   - geometrische Gestaltung des Raumes
   - Verteilung von schallreflektierenden und schallabsorbierenden Flächen
   - Nachhallzeit (Echobildung)
   - Gesamtstördruckschallpegel (Nebengeräusche)

7) Mit dem Einbau von **technischen Absorbern,** z. B. Akustikunterdecken und weichfedernden Wandvorsatzschalen, und **Elementen zur Schalllenkung,** z. B. räumlich gefalteten Gipsplattenelementen, kann die Raumakustik der Raumnutzung angepasst werden.

1) Zum Schutz der Bewohner von Gebäuden, zum Erhalt der Bausubstanz und von Sachwerten sowie zum Vermeiden eines Brandübersprungs auf Nachbargebäude sind Brandschutzmaßnahmen unerlässlich.

2) Baustoffklasse A1: Gips-Wandbauplatten, Gipsvliesplatten, ...
Baustoffklasse A2: Gipsplatten (GKB, GKF), Gipsfaserplatten, ...
Baustoffklasse B1: Gelochte Gipsplatten, mineralisch gebundene Holzwolleplatten, ...
Baustoffklasse B2: Holz und Holzwerkstoffe ($d > 2$ mm), Polyurethan-Dämmplatten, ...
Baustoffklasse B3: Papier, Holzwolle, ...

3) F: Feuerwiderstandsklasse von Wänden, Decken, Stützen, Unterzügen und Treppen
30: Feuerwiderstandsdauer in Minuten
AB: Konstruktion in den wesentlichen Teilen aus nichtbrennbaren Baustoffen

4) Metallständerwand CW 100/150, doppelt beplankt mit GKF-Platten, 80 mm dicke Steinwolledämmplatten mit einer Rohdichte von 50 kg/m^3.

1) **Metallständerwand CW 50/75 MW 40/50**
Wandanschluss, horizontaler Schnitt Maßstab 1 : 2

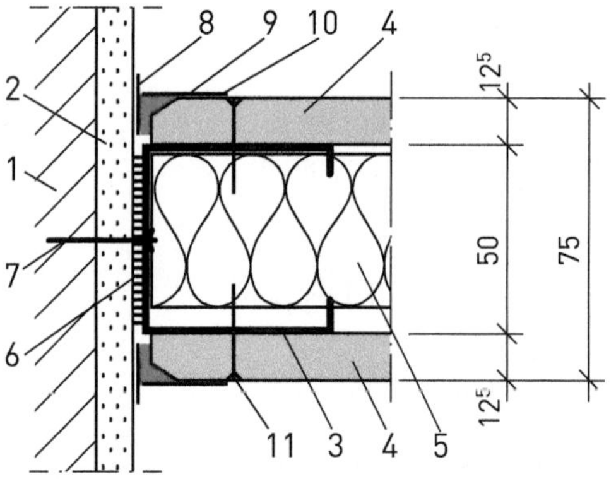

1: Mauerwerk
2: Putz
3: CW 50
4: GKB
5: MW 40/50
6: Anschlussdichtung
7: Verdübelung
8: Trennstreifen
9: Verspachtelung
10: Bewehrungsstreifen
11: TN 25

2) **Metallständerwand CW 50+50/155 MW 2 x 40/50**
Bodenanschluss, senkrechter Schnitt Maßstab 1 : 2

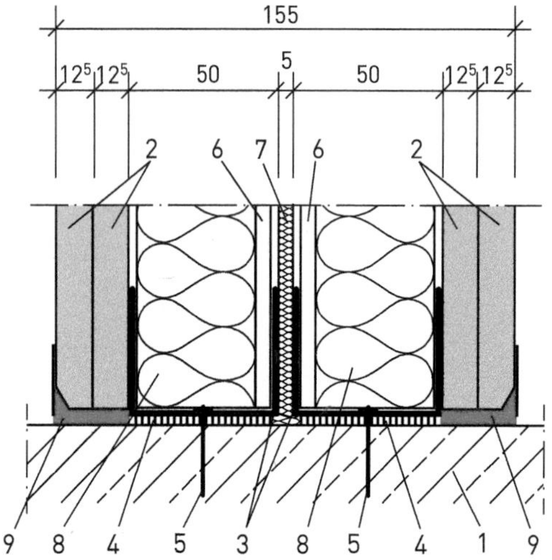

1: Stahlbetondecke
2: GKF-Platten
3: UW 50
4: Anschlussdichtung
5: Verdübelung
6: CW 50
7: Dämmstreifen zwischen CW-Profilen
8: MW 40/50 Schmelzpunkt ≥1000 °C
9: Verspachtelung

3) **Metallständerwand CW 75/125 MW 60/50**
gleitender Deckenanschluss
senkrechter Schnitt Maßstab 1 : 2

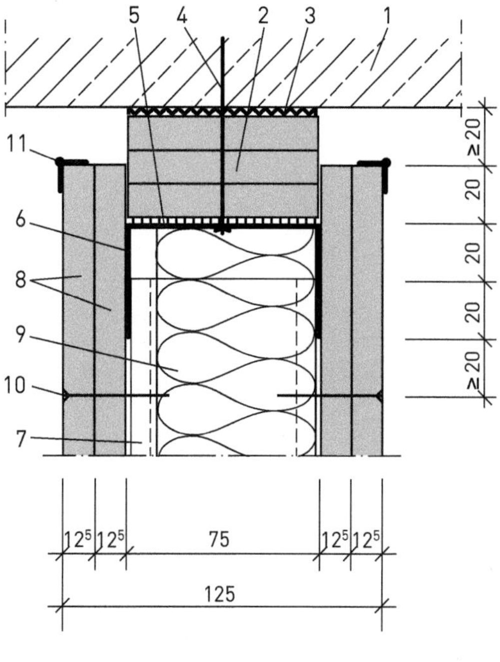

1: Stahlbetondecke
2: Gipsplatten
3: Gipsmörtel
4: Verdübelung
5: Anschlussdichtung
6: UW 75
7: CW 75
8: GKF-Platten
9: MW 60/50 (Steinwolle)
10: Schnellbauschrauben TN
11: Kantenschutzprofil

1) Installationswände sind Montage-Doppelständerwände und dienen zur Aufnahme von Sanitärelementen. Rohrleitungen, Tragständer und Traversen für die Befestigung von wandhängenden WC- und Waschbecken oder Urinalen werden im Wandhohlraum integriert. Für die Rohrdurchführungen müssen die Doppelständerwände einen ausreichend breiten Durchlass ermöglichen.

2) Herstellen der Unterkonstruktion:
- Aufmaß von Wandlängen und -höhen
- Lage der Unterkonstruktionsaußenkante an Boden, Wand und Decke aufreißen
- Unebenheiten angrenzender Bauteile mit (Gips-) Mörtel ausgleichen
- UW-Anschlussprofile zuschneiden und mit der Anschlussdichtung versehen
- die zwei Reihen UW-Profile mit ausreichendem Abstand (abhängig von den durchzuführenden Installationsleitungen) an Boden und Decke im Abstand ≤ 80 cm verdübeln
- CW-Profile zuschneiden (Länge 10...15 mm geringer als das Lichtmaß zwischen den UW-Profilstegen)
- CW-Randanschlussprofile mit Anschlussdichtung versehen und an den angrenzenden Wänden im Abstand ≤ 100 cm verankern
- freistehende CW-Profile mit der offenen Seite in Montagerichtung in die UW-Profile einstellen, Regelachsabstand 62,5 cm; die CW-Profile an der Decke nicht mit dem UW-Profil verbinden
- Verlaschen der Ständerreihen in den Höhendrittelspunkten durch Gipsplattenstreifen
- Tragständer in UW-Profile einstellen und am Boden und den CW-Profilen befestigen, Traversen zwischen den Ständern verschrauben

Beplanken der Unterkonstruktion:
- imprägnierte Gipsplatten zuschneiden, wandhohe Platten etwa 20 mm kürzer als die lichte Raumhöhe schneiden; Schnittkanten sauber schleifen und falls erforderlich anfasen
- erste Lage Gipsplatten an einer Wandseite andrücken, ausrichten und mit Schnellbauschrauben im Abstand von 75 cm auf den CW-Profilen befestigen; oberste Schrauben wegen möglicher Deckenbewegungen mit $f \geq 10$ mm Abstand unterhalb vom UW-Profilflansch eindrehen, Fugen zuspachteln
- zweite Lage Gipsplatten versetzt zur ersten im Abstand von 25 cm auf den Ständerprofilen verschrauben und Hohlraumdämmstoffplatten ohne Fugen zwischen die CW-Profile klemmen
- Installationsleitungen im Wandhohlraum verlegen
- zweite Wandseite wie die erste beplanken; Plattenstöße aber zur gegenüberliegenden Wandseite versetzt anordnen; notwendige Öffnungen für die Sanitärobjekte müssen vorher ausgesägt werden, wobei die Schnittkanten eine Haftgrundierung benötigen

Verspachtelung der zweiten Lage:
- Plattenfugen und Schraubköpfe fachgerecht verspachteln und falls erforderlich schleifen
- im Anschluss an massive Bauteile ein Klebeband als Trennstreifen anbringen und einen Bewehrungsstreifen stumpf einspachteln, um einen kontrollierten Eckriss zu gewährleisten; überstehendes Klebeband nach Erhärtung abschneiden

3) Die Gipsplatten sind mit einer geeigneten Flächenabdichtung und in den Fugenbereichen mit Fugendichtbändern zu versehen.

4) Brandwände entsprechen mindestens der Feuerwiderstandsklasse F 90-A und müssen als Brandabschnittsbegrenzungen in größeren Gebäuden einen Brandübertrag verhindern. Sie müssen im Gegensatz zu normalen feuerwiderstandsbeständigen Wänden eine höhere mechanische Stabilität aufweisen.
Beispiel: dreilagig beplankte Metallständerwand (GKF- oder GF-Platten, $d = 12{,}5$ mm), wobei beidseitig zwischen oberer und mittlerer Lage eine mindestens 5 mm dicke Stahlblechtafel zu verschrauben ist.

5)
- Eine Flanschseite und den Steg der UW-Profile in kurzen Abständen aufschneiden, das Profil im gewünschten Radius biegen und im Abstand $a \leq 300$ mm auf dem Boden und an der Decke verdübeln.
- CW-Profile in einem Abstand $a \leq 312{,}5$ mm (Außenradius) einstellen und mit den UW-Profilen durch Crimpern verbinden.
- Die Gipsplatte wird langsam quer zu den CW-Ständerprofilen gebogen. Es ist ratsam, die Platte über einer Schablone – bei kleineren Biegungen vorgenässt – vorzubiegen. Die Platte ist der Rundung folgend auf der Unterkonstruktion zu verschrauben.

Aufgabe Seite 166

6) In Arztpraxen, Krankenhäusern und Laboren müssen gesundheitsschädliche Strahlungen (z. B. Röntgenstrahlen) aus den Diagnose-, Therapie- und Messbereichen abgeschirmt werden. Strahlenschutzwände sind Metallständerwände, deren Beplankung aus normalen Gipsplatten und Strahlenschutzplatten besteht. Strahlenschutzplatten sind 12,5 mm dicke Gipsplatten, deren Rückseite mit einer aufkaschierten Walzbleifolie mit einer Dicke $d = 0{,}5...4{,}0$ mm versehen ist. Da durch die Bleiauflage die Plattenmasse sehr hoch ist, wird die 12,5 mm dicke Gipsplatte nur in einer Breite von 625 mm geliefert.
Die Stoß- und Anschlussfugen müssen mit Walzbleistreifen hinterlegt werden, um eine wirklich geschlossene Bleifläche zu garantieren. Diese selbstklebenden Bleistreifen werden auf die Flansche der CW- und UW-Profile aufgezogen.

Aufgabe Seite 168

- Die Verspachtelung der Bauplatten muss ausgetrocknet sein, eventuelle Materialüberstände sind abzuschleifen.
- Staub und andere Verunreinigungen müssen entfernt werden.
- Der Karton darf bei einem Nachschleifen nicht aufgeraut werden. Um die unterschiedliche Saugfähigkeit von Karton und Verspachtelung auszugleichen, ist eine Grundierung (Tiefgrund) erforderlich.
  Sind Durchfärbungen zu befürchten, muss ein Sperrgrund oder eine Grundierung in der Farbe der Beschichtung aufgetragen werden.
- Für hochwertige Anstriche ist eine vollflächige Verspachtelung erforderlich.

Aufgabe Seite 170

1)
- Metallprofile UW 75, UW 100, CW 75, CW 100, UA 100
- Anschlussdichtungen $b = 70$ mm bzw. 95 mm, Trennwandkitt
- Dübel für Randbefestigungen und Hohlraumdübel
- Gipsplatten GKF und GKFI, $d = 12{,}5$ mm
- Gipsplattenstreifen für Installationswand und gleitenden Deckenanschluss, $d = 15$ mm
- Schnellbauschrauben TN 25 und TN 35 oder TN 45 sowie Schnellbauschrauben mit Bohrspitze für UA 100
- Dämmstoffplatten (Steinwolle) MW 80/30 und MW 60/50
- Papier-Fugenbewehrungsstreifen
- Fugenspachtel (und Feinspachtel falls erforderlich)
- Gipsmörtel (Ausgleichsschichten)
- Kantenschutzprofile
- Waschbecken- und WC-Tragständer einschließlich Befestigungsmitteln
- Türzargen

2) **Herstellen der Unterkonstruktion:**
- Aufmaß von Wandlängen und -höhen
- Lage der Unterkonstruktionsaußenkante an Boden, Wand und Decke aufreißen
- Unebenheiten angrenzender Bauteile mit (Gips-)Mörtel ausgleichen
- Deckenanschluss: UW 100 zuschneiden, Anschlussdichtung und 3 Gipsplattenstreifen (d = 3 x 15 mm) auf dem Steg anbringen; an der Decke mit Gipsmörtel und Dübeln (seitlich versetzte Anordnung) im Abstand ≤ 80 cm verankern
- UW 100 mit Anschlussdichtung am Boden im Abstand ≤ 80 cm verdübeln
- CW 100 zuschneiden (Länge 20...25 mm geringer als das Lichtmaß zwischen den UW-Profilstegen)
- CW-Randanschlussprofile mit Anschlussdichtung versehen und an den angrenzenden Wänden im Abstand ≤ 100 cm verankern
- freistehende CW-Profile mit der offenen Seite in Montagerichtung in die UW-Profile einstellen, Regelachsabstand 62,5 cm; die CW-Profile an der Decke nicht mit dem UW-Profil verbinden

Beplanken der Unterkonstruktion:
- Gipsplatten zuschneiden, wandhohe Platten etwa 30 mm kürzer als die lichte Raumhöhe schneiden; Schnittkanten sauber schleifen und falls erforderlich anfasen
- senkrecht angeordnete Gipsplatten an einer Wandseite andrücken, ausrichten (obere Fuge 20 mm) und mit Schnellbauschrauben im Abstand von 75 cm auf den CW-Profilen befestigen; Abstand zur kartonummantelten Plattenkante ≥ 10 mm, um ein Ausbrechen des Gipskerns zu vermeiden
- vom Plattenrand zur offenen Seite fortlaufend verschrauben, um Stauchungen zu vermeiden; oberste Schrauben wegen möglicher Deckenbewegungen mit $f \geq 20$ mm Abstand unterhalb vom UW-Profilflansch eindrehen
- senkrechte Fugen verspachteln
- zweite Plattenlage stoßversetzt zur ersten im Abstand von 25 cm auf den CW-Profilen verschrauben
- Horizontalstöße bei nicht raumhohen Platten im oberen Wanddrittel anordnen und um mindestens 40 cm gegeneinander versetzen
- Installationsleitungen im Wandhohlraum verlegen, hierzu die H-Ausstanzungen der CW-Profile für Elektroleitungen aufbiegen
- Steinwolleplatten MW 80/30 seitlich dicht ohne Fugen zwischen die CW-Profile klemmen, Mindestluftabstand zu einer Beplankungsseite 10 mm
- zweite Wandseite beplanken; Plattenstöße zur gegenüberliegenden Wandseite versetzt anordnen

Oberflächenverspachtelung:
- Verspachtelung nach Qualitätsstufe Q3, Beschreibung siehe Lösung Aufgabe 10
- im Anschluss an massive Bauteile ein Klebeband als Trennstreifen anbringen und einen Bewehrungsstreifen stumpf einspachteln, um einen kontrollierten Eckriss zu gewährleisten; überstehendes Klebeband nach Erhärtung abschneiden

Türeinbau:
- UW-Profil am Boden auf Türbreite aussparen
- Aussteifung der seitlichen Türlaibungen durch UA-Profile
- im Sturzbereich horizontal UW-Profile, die mit den UA-Profilen verschraubt werden, anordnen
- bei der Beplankung ist darauf achten, dass keine Plattenstöße in Verlängerung der Türzarge liegen
- sie müssen zur Vermeidung von Rissbildungen oberhalb des Sturzes auf gesondert eingestellten CW-Profilen angeordnet werden
- Systemzarge fachgerecht einsetzen

Seite 170, Abschnitt 10.21

3)

Aufmaß

Baustelle: **Aufsteller:** **Blatt Nr. 1**

Art der Arbeit: Metallständerwände

Pos. Nr.	Bezeichnung	Stück +	Stück –	Abmessungen in m Länge	Breite	Höhe	Mess-gehalt	Abzug	Reiner Messgehalt
	Metallständerwand CW 100/150 MW 80/30								
1	**Wandflächen**								
	*A*1	1		7,20		2,90	20,88 m^2		
	*A*2	1		6,45		2,90	18,71 m^2		
	*A*3	1		7,20		2,90	20,88 m^2		
	*A*4	1		1,80		2,90	5,22 m^2		
	(Türöffnungen übermessen, da jeweils < 2,50 m^2)								
							65,69 m^2	---	**65,69 m^2**
2	**Trennwand zwischen den Toiletten**	1		1,50		2,90	4,35 m^2 **< 5,00 m^2**		**1 Stück**
3	**Aussteifung der Türlaibungen**								
	Einbau **UA-Profile** seitl.	8				2,90	23,20 m		**23,20 m**
	Einbau **UW-Profil** Sturz	4		< 2,00					**4 Stück**
4	**Wandabzweigungen**	3				2,90	8,70 m		**8,70 m**
5	**gleit. Deckenanschluss**	1		24,15			24,15 m		**24,15 m**
	Installationswand CW 75+75/300, MW 60/50								
6	**Wandfläche**	1		4,35		2,90	12,62 m^2		**12,62 m^2**
7	**Einbau WC-Tragständer**	2							**2 Stück**
8	**Einbau Waschbecken-tragständer**	2							**2 Stück**
9	**gleit. Deckenanschluss**	1		4,35					**4,35 m**

Aufgestellt:	Summe, Übertrag			
Anerkannt:				

4) Bei der Materialbedarfsermittlung ist Folgendes zu berücksichtigen:

- Grundlage für die Ermittlung der Materialmengen ist das Aufmaß, wobei die Anzahl der erforderlichen CW-Profile für die Installationwand aus der Lösung der Aufgabe 7 entnommen werden kann.
- Zur Berechnungsvereinfachung wird die Wand W1 mit GKF-Platten und die Wand W2 mit GKFI-Platten beplankt.
- Die für die Berechnung notwendigen Angaben sind dem Tabellenanhang zu entnehmen.
- Zusätzlich zu der in der Tabelle ermittelten Anzahl Gipsplatten sind noch die für den gleitenden Deckenanschluss benötigten Gipsplattenstreifen zu berücksichtigen.

Materialbedarf - Metallständerwände W1 und W2					
Material	**Verbrauch pro m²**	**Verlust-faktor**	**Wand-fläche m²**	**Größe der Liefereinheit**	**Materialmengen (aufgerundet)**
Wand W1 **CW 100/150 MW 80/30**					
GKF-Platten	4,00 m²	1,10	70,04	3,13 m²/Platte	**99** Platten
UW 100	0,70 m	1,10	70,04	4,00 m/Stück	**14** Stück
CW 100	2,00 m	1,10	70,04	3,00 m/Stück	**52** Stück
Anschlussdichtung	1,40 m	1,10	70,04	30,00 m/Rolle	**4** Rollen
Dübel	1,50 Stück	1,10	70,04	100 Stück/Pack	**2** Pack
TN 25	12,50 Stück	1,10	70,04	1000 Stück/Pack	**1** Pack
TN 35 bzw. 45	29,00 Stück	1,10	70,04	1000 Stück/Pack	**3** Pack
MW-Platten (Steinwolle)	1,00 m²	1,10	70,04	0,75 m²/Platte	**103** Platten
Papierbew.-Streifen	1,00 m	1,10	70,04	75,00 m/Rolle	**2** Rollen
Fugenspachtel	0,20 kg	1,10	70,04	5 kg/Sack	**4** Sack
Wand W2 **CW 75+75/300 MW 60/50**					
GKFI-Platten	4,00 m²	1,10	12,62	3,13 m²/Platte	**18** Platten
UW 100	1,40 m	1,10	12,62	4,00 m/Stück	**5** Stück
CW 100 (n. Aufg. 7)	2,00 m	1,10	12,62	3,00 m/Stück	**10** Stück
Anschlussdichtung	2,80 m	1,10	12,62	30,00 m/Rolle	**2** Rollen
Dübel	3,00 Stück	1,10	12,62	100 Stück/Pack	**1** Pack
TN 25	12,50 Stück	1,10	12,62	1000 Stück/Pack	**1** Pack
TN 35 bzw. 45	29,00 Stück	1,10	12,62	1000 Stück/Pack	**1** Pack
MW-Platten (Steinwolle)	1,00 m²	1,10	12,62	0,75 m²/Platte	**19** Platten
Papierbew.-Streifen	1,00 m	1,10	12,62	75,00 m/Rolle	**1** Rolle
Fugenspachtel	0,20 kg	1,10	12,62	5 kg/Sack	**1** Sack
WC-Tragständer einschl. Befestigungsmittel					**2** Stück
Waschbeckentragständer einschl. Befestigungsmittel					**2** Stück

5) Wandabzweig, Detail A, Maßstab 1 : 2

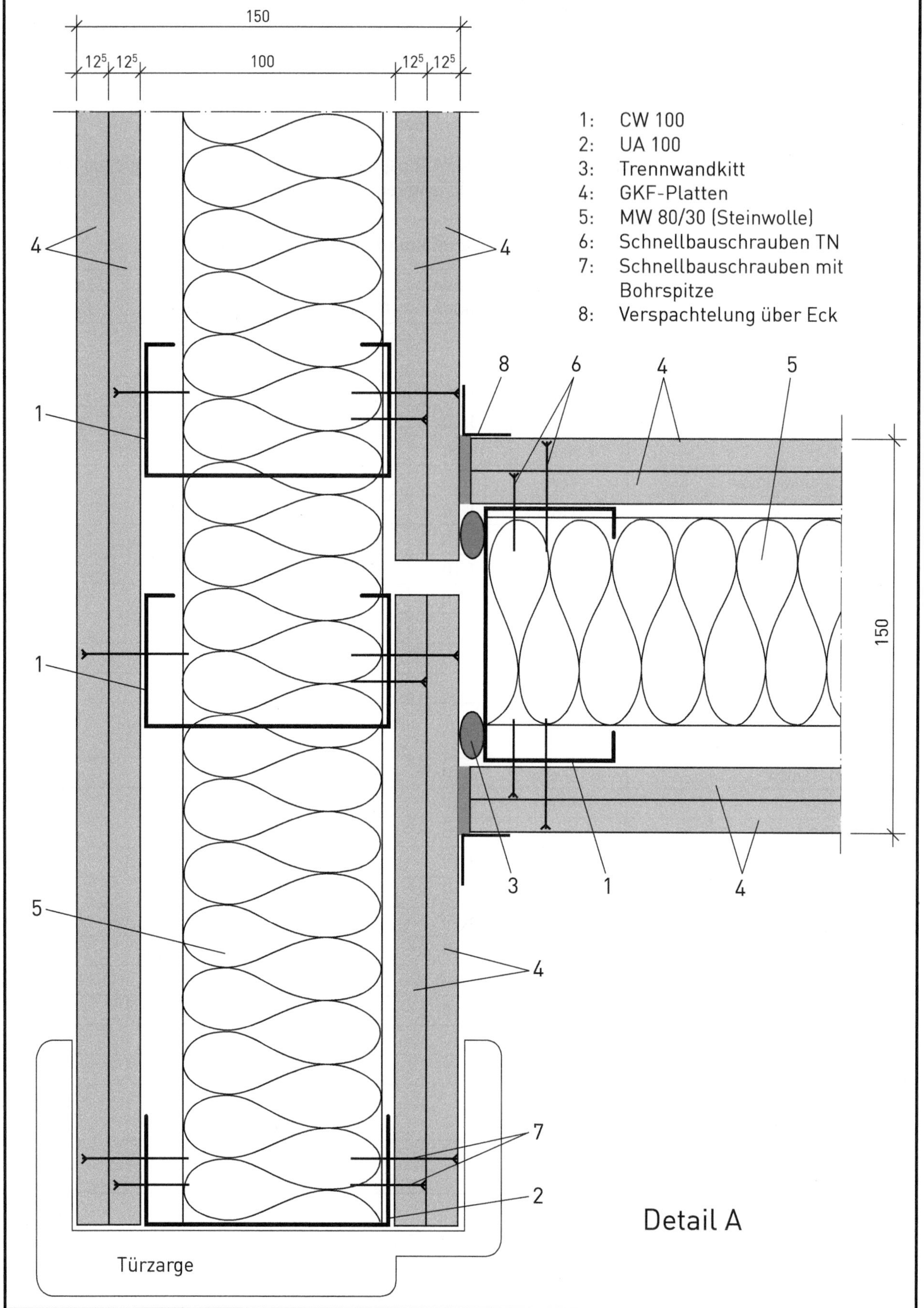

Name:	Benennung:	Seite: 170/5
Datum:	Wandabzweig	Maßstab: 1:2

6) Wandeck, Detail B, Maßstab 1 : 2

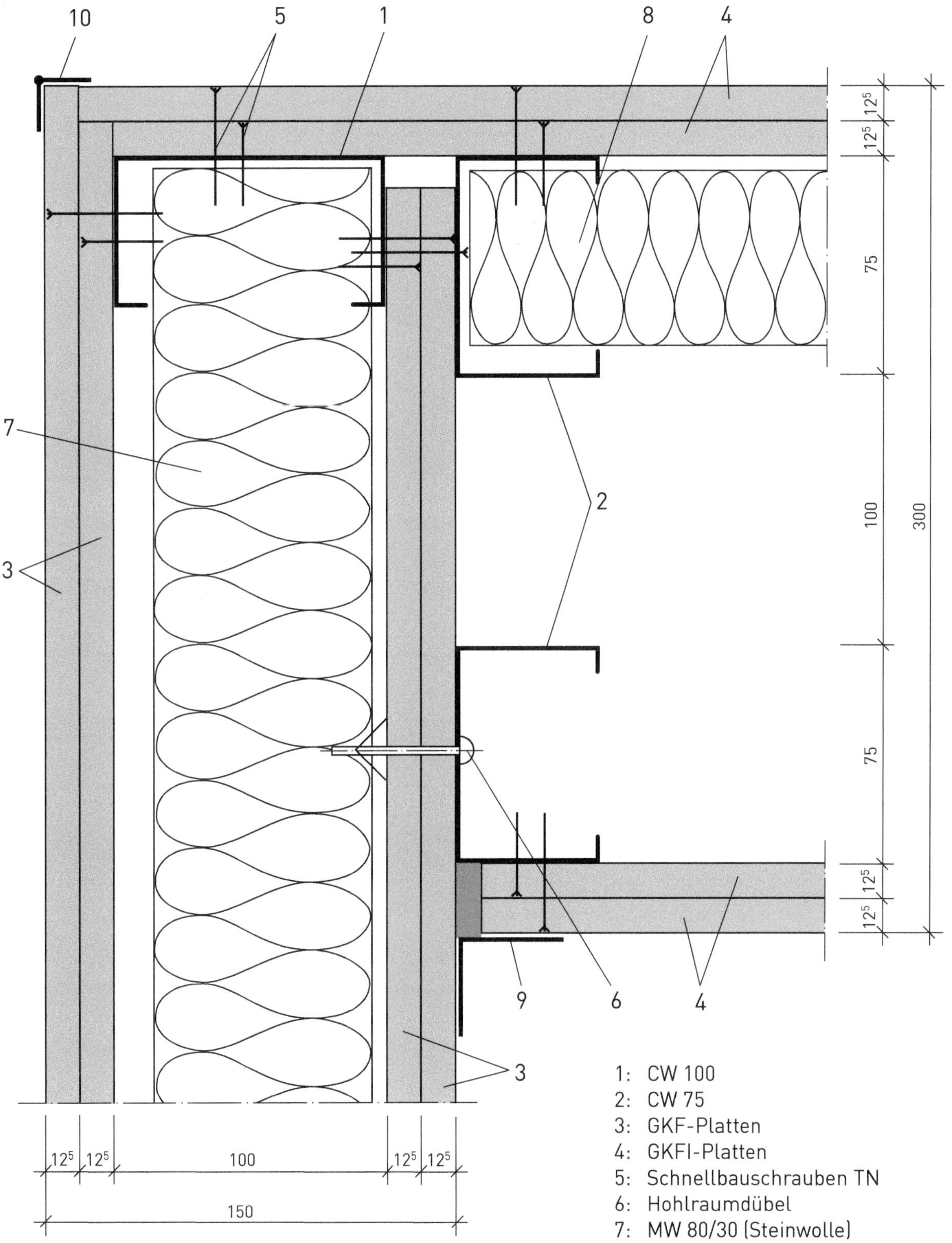

1: CW 100
2: CW 75
3: GKF-Platten
4: GKFI-Platten
5: Schnellbauschrauben TN
6: Hohlraumdübel
7: MW 80/30 (Steinwolle)
8: MW 60/50 (Steinwolle)
9: Verspachtelung über Eck
10: Eckverspachtelung mit Kantenschutzprofil

Detail B

Name:	Benennung:	Seite: 170/6
Datum:	Wandeck	Maßstab: 1:2

7) Installationswand, Achsabstände der CW-Profile, Maßstab 1 : 20

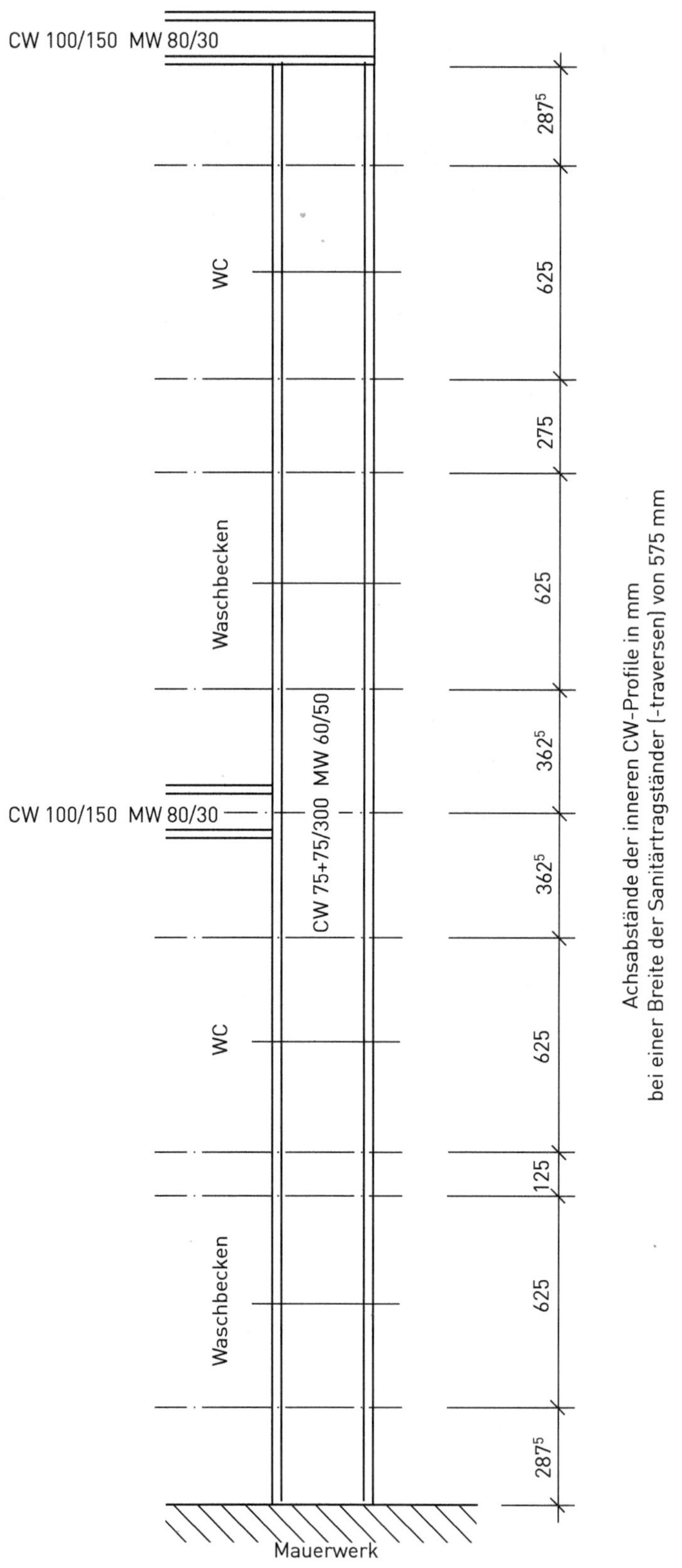

Name:	Benennung: Installationswand Achsabstände der CW-Profile	Seite: 170/7
Datum:		Maßstab: 1:20

8) Gleitender Deckenanschluss, Maßstab 1 : 2

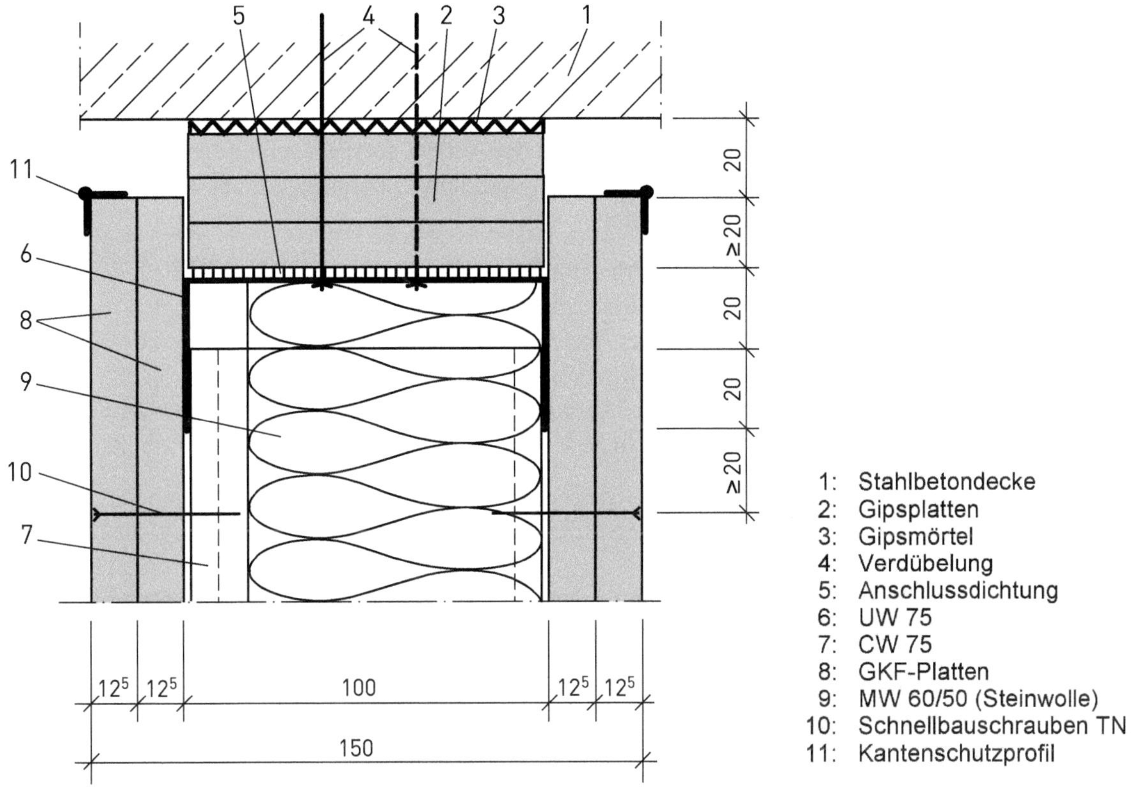

9) GKFI-Oberflächen sind im Bereich wasserbeaufschlagter Bereiche vollflächig mit einer systemgerechten, wasserundurchlässigen Flächenspachtelung zu überziehen und in den Ecken (Wand-Wand, Wand-Boden) mit Fugendichtbändern zu versehen. Die Fugen zwischen nachfolgender Verfliesung und dem Boden bzw. die Wandecken sind elastisch zu schließen.

10) Die Qualitätsstufe 3 (Q3) ist eine Sonderverspachtelung für erhöhte Anforderungen.

Sie beinhaltet
- das Füllen der Stoßfugen der Gipsplatten (projektbedingt einschließlich des Einspachtelns eines Papierbewehrungsstreifens),
- das Überziehen sichtbarer Teile der Befestigungsmittel,
- das Nach- bzw. Feinspachteln bis zum Erreichen eines stufenlosen Übergangs zur Plattenoberfläche,
- ein breiteres Ausspachteln der Fugen sowie ein scharfes Abziehen der restlichen Oberfläche zum Porenverschluss des Kartons mit Spachtelmaterial.

Diese Oberfläche ist geeignet für feinstrukturierte Wandbekleidungen, matte nichtstrukturierte Beschichtungen oder sehr feinkörnige Oberputze.

Lernfeld 11: Herstellen eines wärmedämmenden Putzsystems

1) – hohe Wärmeverluste im Winter und damit hoher Verbrauch an Heizenergie sowie hohe Heizkosten
– starke Raumaufheizung im Sommer und evtl. hoher Energieaufwand für Kühlung
– unbehagliches und ungesundes Raumklima durch starke und rasche Temperaturschwankungen, Zugerscheinungen sowie niedrige Oberflächentemperaturen der Außenbauteile, Gefahr der Schimmelpilzbildung
– Bauteile unterliegen starken Temperaturschwankungen und damit Spannungen; bei Tauwasserbildung und Frost-Tau-Wechsel Gefahr der Baustoffzerstörung

2) – hoher Verbrauch an Heizenergie, der durch Verbrennung fossiler Brennstoffe (Kohle, Erdöl, Erdgas) gedeckt werden muss; Ausbeutung der Ressourcen nicht nachwachsender Rohstoffe
– durch Verbrennung großer Mengen organischer Brennstoffe Freisetzung großer Mengen des Treibhausgases CO_2; Ursache für Erderwärmung und Klimaveränderungen
– durch Verbrennung großer Mengen organischer Brennstoffe Freisetzung großer Mengen an Feinstaub oder Verbrennungsgasen wie Schwefeldioxid; mögliche Ursache für Bau- oder sogar Gesundheitsschäden

3) – Wärmeleitung in festen, flüssigen und gasförmigen Stoffen von warmen in kalte Bereiche
– Wärmeströmung in flüssigen und gasförmigen Stoffen; durch Erwärmung Verringerung der Dichte und Auftrieb
– Wärmestrahlung von erwärmten Stoffen durch Emission elektromagnetischer Wellen, Absorption der Strahlung durch kältere Stoffe und damit Erwärmung

4) – gute Wärmedämmfähigkeit von Baustoffen aufgrund niedriger Wärmeleitfähigkeit und Wärmeleitzahl λ;
– niedrige Wärmeleitfähigkeit eines Stoffes wegen niedriger Rohdichte und hohen Luftporengehalts (Luft mit sehr niedriger Wärmeleitfähigkeit)
– geringe Wärmedämmung = hohe Wärmeleitung; hohe Wärmeleitzahl = hohe Rohdichte: Metalle, Stahlbeton, Mauerziegel
– gute Wärmedämmung = geringe Wärmeleitung; niedrige Wärmeleitzahl = niedrige Rohdichte: Porenbeton, Kork, Polystyrol-Wärmedämmplatten

5) – Wärmebrücken = Bauteilbereiche mit höherer Wärmeleitung und damit höheren Wärmeverlusten als bei benachbarten Bereichen
– höhere Wärmeverluste sind Ursache für niedrigere Oberflächentemperaturen; bei Tauwasserausfall Feuchtigkeitsanreicherung und Schimmelpilzbildung
– geometrische Wärmebrücke mit kleinerer wärmeaufnehmender Innenfläche gegenüber größerer wärmeabgebender Außenfläche; Beispiel Raum- oder Gebäudeecken
– konstruktive Wärmebrücke mit nebeneinander angeordneten Baustoffen mit unterschiedlicher Wärmeleitung; Beispiel: in hoch wärmedämmendes Außenwandmauerwerk einbindende Stahlbetondecken
– punktförmige Wärmebrücken mit Durchdringung wärmedämmender Bauteilschichten durch stark wärmeleitende Elemente; Beispiel: Verankerungen oder Dübelbefestigungen aus Metall in Wärmedämmschichten

6) – durch undichte Bauteilfugen oder Bauteilanschlüsse Gefahr der Konvektion großer Mengen warmer Raumluft in den Bauteilquerschnitt hinein
– bei Abkühlung der Raumluft unter den Taupunkt Kondensation des Wasserdampfes zu Tauwasser
– Durchfeuchtung des Bauteils, Verschlechterung der Wärmedämmung, Gefahr der Baustoffzerstörung

7) – Verwendung raumumschließender Bauteile mit hoher Wärmespeicherfähigkeit
– je größer die Wärmekapazität und die Masse des Baustoffes, desto größer seine Wärmespeicherfähigkeit
– Schutz vor Überhitzung von durch Sonneneinstrahlung aufgeheizten Innenräumen durch Wärmeabgabe an Umfassungsbauteile und zeitverzögerte Abgabe während kühlerer Nachtstunden

8) – ausreichende Dachüberstände, Entwässerung und ausreichendes Gefälle bei Balkonen, Terrassen oder Fenstersimsen
– ausreichender Schlagregenschutz durch Anstriche, Putze oder Bekleidungen
– Abdichtungsschichten an Kelleraußenwänden und Sockelbereichen
– Abdichtung von Anschlussfugen und Durchdringungen von Bauteilen
– Vermeidung von Tauwasserbildung im Bauteilquerschnitt
– Sicherung der Austrocknungsmöglichkeiten von durchfeuchteten Bauteilen

9) – Abnahme der Wasserdampfdurchlässigkeit der verschiedenen Bauteilschichten von innen nach außen

1) – Sicherung eines gesunden und hygienischen Raumklimas durch Einhaltung eines Mindestwärmeschutzes an allen Stellen von Außenbauteilen

2) – Vermeidung von Durchfeuchtung und dadurch verursachten Bauschäden aufgrund unzureichender Wärmedämmung von Außenbauteilen
– Wärmeschutzmaßnahmen verringern den Heizwärme- und Energiebedarf
– verringerter Brennstoff- und Energiebedarf schont die Ressourcen fossiler Brennstoffe wie Erdöl oder Erdgas
– weniger Verbrennungsvorgänge senken die Emissionen von Treibhausgasen und Schadstoffen, vermindern damit die Umweltverschmutzung und bremsen Klimaveränderungen

3) – Energiebedarf für Heizung, Warmwasser und Lüftung
– Energieverluste bei Energiegewinnung oder in haustechnischen Anlagen
– solare Energiegewinne und interne Gewinne durch Abwärme von Geräten oder Personen

4) – das Referenzgebäude dient zum Vergleich des Energiebedarfs mit dem des geplanten Neubaus
– das Referenzgebäude besitzt gleiche Form, Abmessungen, Nutzfläche und Orientierung wie der Neubau
– mithilfe der in der EnEV vorgegebenen technischen Daten wird der Primärenergiebedarf des Referenzgebäudes errechnet
– mit den gleichen Verfahren wird der Primärenergiebedarf des Neubaus errechnet, der nicht größer als der des Referenzgebäudes sein darf

5) – für jedes durch Änderungen betroffene Bauteil wird der neue Wärmedurchlasskoeffizient U errechnet, der die in den Tabellen der EnEV enthaltenen Höchstwerte nicht überschreiten darf

6) – Austausch veralteter Heizkessel
– Wärmedämmung von ungedämmten Rohrleitungen
– nachträgliche Wärmedämmung von ungedämmten und begehbaren oder nur zugänglichen Geschossdecken über beheizten Räumen

7) – WF-WAB: Holzfaser-Dämmplatten für Außendämmung hinter Wandbekleidungen (VHF)
– XPS-PW: extrudierte Polystyrol-Dämmplatten für Perimeterdämmung
– MW-WAP: Mineralwolle-Dämmplatten für Außendämmung der Wand unter Putz (WDVS)

8) – möglichst niedrige Wärmeleitzahl λ, Wert möglichst $< 0{,}04$ (W/m · K)
– möglichst geringe Wasseraufnahme durch Wasser abweisende Hydrophobierung
– besondere Eigenschaften auf Anwendungsgebiet abgestimmt, z. B. gute Haftung für Putzbeschichtung bei WDVS
– brennbare Dämmstoffe möglichst nur Baustoffklasse B1
– bei Brandschutzanforderungen an Dämmstoffe nur unbrennbare Dämmstoffe Baustoffklasse A
– bei Anforderungen an den Schallschutz weichfedernde, schallschluckende Dämmstoffe mit geringer dynamischer Steifigkeit, z. B. Faserdämmstoffe oder elastifiziertes EPS SD bzw. EPS T

9) – Durch Wasseraufnahme Füllung der Luftporen, aufgrund der höheren Wärmeleitfähigkeit des Wassers im Vergleich zu Luft Verschlechterung der Wärmeleitfähigkeit des Dämmstoffes, Verschlechterung der Wärmedämmung und Gefahr von Kondenswasserbildung im Bauteil oder an seiner Oberfläche
– bei manchen Dämmstoffen feuchtigkeitsabhängiges Quellen und Schwinden, damit Spannungen und Haftungsprobleme für Beschichtungen

10) – extrudierte Hartschaumplatten mit hoher Druckfestigkeit und sehr hoher dynamischer Steifigkeit; keine schallschluckende Wirkung

11) – Anordnung luftschallabsorbierender Dämmstoffe an schallreflektierenden Bauteiloberflächen; dadurch Steuerung der Nachhallzeit möglich

12) – möglichst weichfedernd – (elastisch geringe dynamische Steifigkeit) für guten Luft- und Trittschallschutz
– ausreichend druckfest
– möglichst geringe Zusammendrückbarkeit C unter Belastung

13) – Verwendung unbrennbarer Dämmstoffe der Baustoffklasse A ohne Rauchentwicklung oder brennendes Abtropfen
– möglichst niedrige Wärmeleitzahl λ, möglichst hohe Rohdichte und Schichtdicke

Aufgaben Seite 191

1) – vollständige Umhüllung der Außenbauteile durch Dämmschicht; Ausnahme: das Bauteil durchdringende oder in das Rohbauteil einbindende Bauteile mit höherer Wärmeleitfähigkeit (Trennwände, Geschossdecken)
   – bei Innendämmungen zusätzliche Wärmebrücken durch einbindende Trennwände oder Geschossdecken, die die Dämmschicht unterbrechen
   – geometrische Wärmebrücken bei Innendämmungen an den Gebäudeecken

2) – nach außen diffundierender Wasserdampf kühlt bereits im Dämmstoffbereich unter den Taupunkt ab
   – Tauwasserbildung und Durchfeuchtung, wenn keine ausreichende Austrocknungsmöglichkeit nach außen
   – Verringerung des Diffusionsstroms durch auf der warmen Seite der Dämmschicht angeordnete Dampfbremsen; dadurch überwiegende Austrocknung nach außen
   – Grundregel: Wasserdampfdurchlässigkeit aller Bauteilschichten von innen nach außen zunehmend

3) – Aufnahme großer Feuchtigkeitsmengen aus der Raumluft durch diffusionsoffene Dämmplatten
   – durch kapillare Leitfähigkeit gleichmäßige Verteilung des im Bauteilquerschnitt zu Tauwasser kondensierten Wasserdampfs
   – rasche Verdunstung und Austrocknung nach innen und außen durch diffusionsoffene Baustoffschichten

4) – rasche Erwärmung der Raumluft, da nur geringe wärmespeichernde Masse der Außenbauteile
   – keine langen Aufheizzeiten erforderlich

5) – bei Innendämmung kleinere Raumabmessungen, bei Außendämmungen unverändert
   – bei Innendämmungen unveränderte Außenabmessungen, bei Außendämmungen größere Gebäudemaße, eventuell Abstandsprobleme mit Nachbarschaft

6) – Innendämmungen: geringe flächenbezogene Masse der innen liegenden Bekleidungen oder Beschichtungen; damit geringe Wärmespeicherfähigkeit, schnelle Abgabe der geringen gespeicherten Wärmemenge an die Raumluft mit folgender rascher Abkühlung
   – Außendämmungen: hohe flächenbezogene Masse der innen liegenden tragenden Wände, Bekleidungen oder Beschichtungen; damit hohe Wärmespeicherfähigkeit, langsame Abgabe der großen gespeicherten Wärmemenge an die Raumluft mit der Folge verzögerter Abkühlung

7) – Innendämmung, da die Fassade erhalten bleiben kann

8) – Beteiligung aller Eigentümer für das gesamte Gebäude erforderlich

9) – bei Innendämmungen Baumaßnahmen

Aufgaben Seite 194

1) – im Vergleich zu Dämmplatten höhere Wärmeleitfähigkeit des Dämmputzes und geringere mögliche Schichtdicken; daher möglicher Verbesserungswert ΔR der Außenwand begrenzt

2) – volldeckender Spritzbewurf sowie spezieller metallischer Dämmputzträger erforderlich

3) – zusätzlicher Wetterschutz bei dünnschichtigen Oberputzen
   – Haftbrücke für folgenden Oberputz
   – mechanische Entkoppelung des Oberputzes von weichem Dämmputz
   – Aufnahme entstehender Zug- und Scherspannungen und daher verringertes Rissrisiko

4) – durch Putzträger Überbrückung vorhandener, sich nur gering verändernder Untergrundrisse
   – relativ elastische Putzschicht mit größerer Schichtdicke
   – armierter Ausgleichsputz als Entkoppelungsschicht zur Aufnahme von Zugspannungen unter Oberputz

1) – Wärmedämmplatten: Erfüllung der Wärmeschutz-Anforderungen an das Außenbauteil; Beitrag zum Feuchte-, Schall- und Brandschutz der gesamten Wandkonstruktion
– Armierungsputz mit Armierungsgewebe: rissfreie Überbrückung der Plattenfugen und Aufnahme von Zug-, Biegezug- und Scherspannungen; Entkoppelung der Deckschichten von Untergrund und Dämmstoff; zusätzlicher Schutz der Dämmschicht vor Witterungseinflüssen und Beschädigung; Haftbrücke für die Deckschicht
– Deckschicht: Wetterschutz und Gestaltung durch Farbe und Struktur
– Schlussanstrich: Witterungsschutz für gesamtes WDVS und Gestaltung durch Farbgebung und Struktur
– Befestigung am Untergrund: Kleber oder Dübel zur Übertragung aller Eigenlasten und Belastungen aus dem WDVS in den tragfähigen Untergrund; Sicherung der Standsicherheit

2) – ausreichend tragfähig, eben, trocken, sauber, gleichmäßig saugfähig, frostfrei, frei von Ausblühungen sowie Algen- oder Flechtenbewuchs, ohne offene Fugen an Mauerwerk oder Anschlüssen

3) – zusätzliche konstruktive Verdübelung möglich bei EPS- oder MWL-Dämmplatten, die keine statisch wirksame Verdübelung erfordern; Zweck: Fixierung der Platten während der Klebererhärtung
– zusätzlich zur Plattenverkebung statisch wirksame Verdübelung erforderlich bei hohen Windlasten oder Eigenlasten aus dem WDVS, geringer Scherfestigkeit der Dämmplatten (MW, MS, PF), starken Unebenheiten des Untergrundes

4) Rechenweg: Verbrauchswert pro m^2 · Fläche in m^2 · Verlustfaktor : Größe (m^2, m, kg, Stück) der Liefereinheit (Platte, Sack, Paket); Ergebnis aufrunden.

Materialbedarfsberechnung					
Materialliste	**Verbrauch pro m^2**	**Verlust-faktor**	**Aufmaß-fläche in m^2**	**Größe der Liefer-einheit**	**Materialbedarf exakt/aufgerundet**
EPS-Platten, 1,00 x 0,50 m, d = 60 mm	1,0 m^2	1,05	155	0,5 m^2/ Platte	325,5/326 Platten
Baukleber:	5,0 kg	1,08	155	25 kg/Sack	33,48/34 Sack
Dübel, d = 60 mm:	6,0 Stück	1,05	155	200 Stück/ Paket	4,88/5 Pakete
Armierungsputz	5,5 kg	1,08	155	25 kg/Sack	36,8/37 Sack
Armierungsgewebe	1,1 m^2	1,05	155	50 m^2/Rolle	3,58/4 Rollen
Kunstharzputz Kratzputzstruktur	1,8 kg/m^2	1,08	155	25 kg/ Eimer	12,05/13 Eimer

1) – Schlagregen, Spritzwasser, Frost-Tau-Wechsel, Temperaturwechsel, bauschädliche Salze

2) – Schutz der Abdichtung des Kellerwand-Außenputzes vor Beschädigung
– geringere Feuchtebelastung des Kellerwand- und Sockelputzes durch Ableitung von Oberflächen- und Sickerwasser zur Dränung oder ins Erdreich

3)

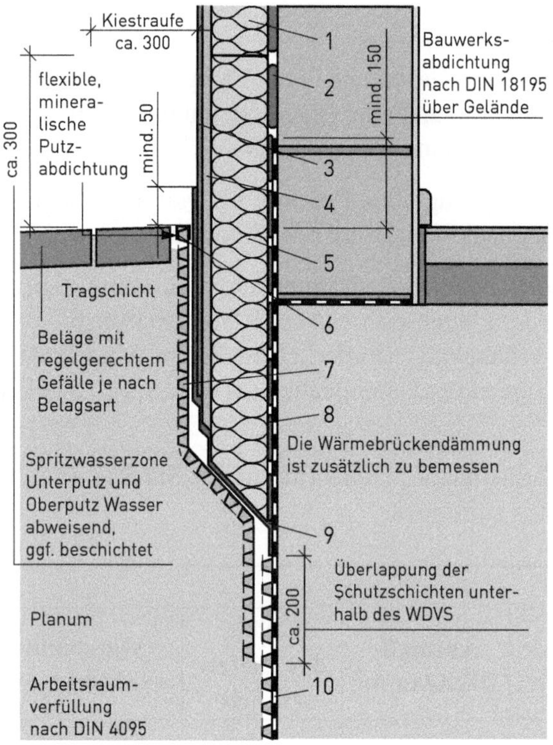

1 Fassadendämmplatte
2 Klebemörtel
3 Oberputz
4 Armierungsputz mit Glasfasergewebe
5 Sockeldämmplatte
6 Abdeckprofil
7 Schutzschicht, z. B. Noppenbahn mit Vlies
8 Klebemörtel, geeignet auf Bauwerksabdichtung
9 flexible, mineralische Putzabdichtung, mind. 50 mm auf Untergrund geführt
10 Bauwerksabdichtung nach DIN 18195

4) – Überdämmung der Anschlussfuge Fensterrahmen-Rohbau sowie des Fensterrahmens mit gesamter großer Schichtdicke des WDVS-Systems; daher keine Wärmebrücken

5)

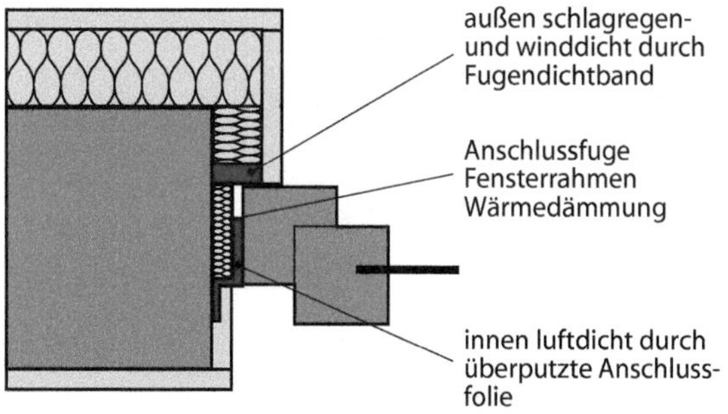

6)

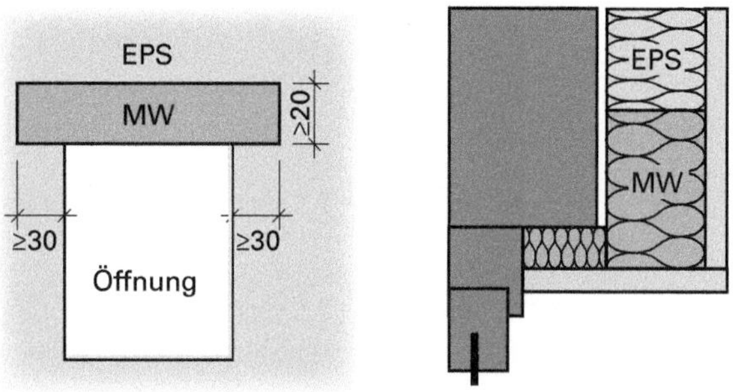

7) – Einhalten eines Abstandes zwischen OK WDVS und Dachschalung zum Einbau eines Belüftungsprofils mit Insektenschutzgitter für die Luftschicht
– vollflächige Verklebung der obersten Dämmplattenreihe

1 a) Wärmedurchlasswiderstand $R_{ges} = d_1 : \lambda_1$

$R_{ges} =$ 0,30 m : 2,50 W/(m·K) = <u>0,120 m²·K/W</u>

1 b) Wärmedurchlasswiderstand $R_{ges} = d_1 : \lambda_1 + d_2 : \lambda_2 + d_3 : \lambda_3 + d_4 : \lambda_4$

$R_{ges} =$ 0,01 m : 0,70 W/(m·K) + 0,24 m : 0,50 W/(m·K) + 0,016 m : 1,00 W/(m·K) + 0,004 m : 0,70 W/(m·K) =

[0,014 + 0,480 + 0,016 + 0,006] m²·K/W = <u>0,516 m²·K/W</u>

1 c) Wärmedurchlasswiderstand $R_{ges} = d_1 : \lambda_1 + d_2 : \lambda_2 + d_3 : \lambda_3 + d_4 : \lambda_4 =$

$R_{ges} =$ 0,015 m : 0,51 W/(m·K) + 0,24 m : 0,19 W/(m·K) + 0,015 m : 0,38 W/(m·K) + 0,005 m : 1,00 W/(m·K) =

[0,029 + 1,263 + 0,039 + 0,005] m²·K/W = <u>1,336 m²·K/W</u>

2 a) $R_{erf} =$ 1,2 m² · K/W;

$R_{ges} =$ $d_1 : \lambda_1 + d_2 : \lambda_2 + d_3 : \lambda_3 + d_4 : \lambda_4 =$

0,01 m : 0,70 W/(m·K) + 0,30 m : 0,23 W/(m·K) + 0,015 m : 0,38 W/(m·K) + 0,005 m : 1,0 W/(m·K) =

[0,014 + 1,304 + 0,039 + 0,005] m² · K/W = <u>1,363 m²·K/W</u> $R_{ges} > R_{erf}$

2 b) $R_{erf} =$ 0,9 m² · K/W;

$R_{ges} =$ $d_1 : \lambda_1 + d_2 : \lambda_2 + d_3 : \lambda_3 + d_4 : \lambda_4 =$

0,045 m : 1,20 W/(m·K) + 0,05 m : 0,035 W/(m·K) + 0,20 m : 2,50 W/(m·K) + 0,015 m : 1,0 W/(m·K) =

[0,038 + 1,429 + 0,080 + 0,015] m² · K/W = <u>1,562 m²·K/W</u> $R_{ges} > R_{erf}$

2 c) $R_{erf} =$ 0,9 m² · K/W;

$R_{ges} =$ $d_1 : \lambda_1 + d_2 : \lambda_2 =$

0,01 m : 0,70 W/(m·K) + 0,18 m : 2,50 W/(m·K) =

[0,014 + 0,072] m²·K/W = <u>0,086 m² · K/W</u> $R_{ges} < R_{erf}$

3 a) $R_{erf} =$ 1,20 m² · K/W

$R_{ges} =$ $d_1 : \lambda_1 + d_3 : \lambda_3 + d_4 : \lambda_4 =$

0,01 m : 0,70 W/(m·K) + 0,017 m : 1,00 W/(m·K) + 0,003 m : 0,70 W/(m·K) =

[0,014 + 0,017 + 0,004] m²·K/W = <u>0,035 m² · K/W</u>

$R_2 =$ $R_{erf} - R_{ges}$ = [1,20 – 0,035] m² · K/W = 1,165 m² · K/W

$d_2 =$ $R_2 \cdot \lambda_2$ = 1,165 m² · K/W · 0,50 W/(m·K) = <u>0,583 m</u> <u>gewählt: 60 cm</u>

3 b) $R_{erf} =$ 1,20 m² · K/W

$R_{ges} =$ $d_1 : \lambda_1 + d_3 : \lambda_3 + d_4 : \lambda_4 =$;

0,01 m : 0,70 W/(m·K) + 0,014 m : 0,25 W/(m·K) + 0,006 m : 1,00 W/(m·K) =

[0,014 + 0,056 + 0,006] m² · K/W = <u>0,076 m²·K/W</u>

$R_2 =$ $R_{erf} - R_{ges}$ = [1,20 – 0,076] m²·K/W = 1,124 m² · K/W

$d_2 =$ $R_2 \cdot \lambda_2$ = 1,124 m²·K/W · 0,23 W/(m·K) = <u>0,258 m</u> <u>gewählt: 30 cm</u>

3 c) $R_{erf} =$ 1,20 m²·K/W

$R_{ges} =$ $d_1 : \lambda_1 + d_3 : \lambda_3 + d_4 : \lambda_4 =$;

0,015 m : 0,51 W/(m·K) + 0,015 m : 0,38 W/(m·K) + 0,005 m : 1,00 W/(m·K) =

[0,029 + 0,039 + 0,005] m² · K/W = <u>0,073 m²·K/W</u>

$R_2 =$ $R_{erf} - R_{ges}$ = [1,20 – 0,073] m² · K/W = 1,127 m² · K/W

$d_2 =$ $R_2 \cdot \lambda_2$ = 1,127 m² · K/W · 0,16 W/(m·K) = <u>0,18 m</u> <u>gewählt: 20 cm</u>

4 a) $R_T = R_{si} + R_{ges} + R_{se} = [0{,}13 + 0{,}65 + 0{,}04]\ m^2 \cdot K/W = 0{,}82\ m^2 \cdot K/W$
$U_{vorh} = 1 : R_T = 1 : 0{,}82\ m^2 \cdot K/W = 1{,}220\ W/(m^2 \cdot K)$

4 b) $U_{erf} = 0{,}24\ W/(m^2 \cdot K)$ $\quad U_{vorh} > U_{erf}$

5 a) $R_T = R_{si} + d_1 : \lambda_1 + d_2 : \lambda_2 + d_3 : \lambda_3 + d_4 : \lambda_4 + R_{se} =$
$0{,}13\ m^2 \cdot K/W + 0{,}01\ m : 0{,}70\ W/(m \cdot K) + 0{,}365\ m : 0{,}20\ W/(m \cdot K) + 0{,}018\ m : 0{,}25\ W/(m \cdot K) +$
$0{,}004\ m : 1{,}0\ W/(m \cdot K) + 0{,}04\ m^2 \cdot K/W =$
$[0{,}13 + 0{,}014 + 1{,}825 + 0{,}072 + 0{,}004 + 0{,}04]\ m^2 \cdot K/W = 2{,}085\ m^2 \cdot K/W$
$U_{vorh} = 1 : R_T = 1 : 2{,}085\ m^2 \cdot K/W = \underline{0{,}480\ W/(m^2 \cdot K)}$

5 b) $R_T = R_{si} + d_1 : \lambda_1 + d_2 : \lambda_2 + d_3 : \lambda_3 + d_4 : \lambda_4 + R_{se} =$
$0{,}13\ m^2 \cdot K/W + 0{,}01\ m : 0{,}70\ W/(m \cdot K) + 0{,}365\ m : 0{,}20\ W/(m \cdot K) + 0{,}06\ m : 0{,}07\ W/(m \cdot K) +$
$0{,}006\ m : 1{,}0\ W/(m \cdot K) + 0{,}04\ m^2 \cdot K/W =$
$[0{,}13 + 0{,}014 + 1{,}825 + 0{,}857 + 0{,}006 + 0{,}04]\ m^2 \cdot K/W = 2{,}872\ m^2 \cdot K/W$
$U_{vorh} = 1 : R_T = 1 : 2{,}872\ m^2 \cdot K/W = \underline{0{,}348\ W/(m^2 \cdot K)}$

5 c) $R_T = R_{si} + d_1 : \lambda_1 + d_2 : \lambda_2 + d_3 : \lambda_3 + d_4 : \lambda_4 + d_5 : \lambda_5 + R_{se} =$
$0{,}13\ m^2 \cdot K/W + 0{,}015\ m : 0{,}51\ W/(m \cdot K) + 0{,}30\ m : 2{,}50\ W/(m \cdot K) + 0{,}14\ m : 0{,}031\ W/(m \cdot K) +$
$0{,}01\ m : 1{,}0\ W/(m \cdot K) + 0{,}004\ m : 0{,}7\ W/(m \cdot K) + 0{,}04\ m^2 \cdot K/W =$
$[0{,}13 + 0{,}029 + 0{,}12 + 4{,}51 + 0{,}01 + 0{,}006 + 0{,}04]\ m^2 \cdot K/W = 4{,}845\ m^2 \cdot K/W$
$U_{vorh} = 1 : R_T = 1 : 4{,}845\ m^2 \cdot K/W = \underline{0{,}206\ W/(m^2 \cdot K)}$

6) $U_{vorh} = 0{,}30\ W/(m^2 \cdot K)$
$R_T = R_{si} + d_1 : \lambda_1 + d_2 : \lambda_2 + d_3 : \lambda_3 + d_4 : \lambda_4 + R_{se} =$
$0{,}13\ m^2 \cdot K/W + 0{,}01\ m : 0{,}70\ W/(m \cdot K) + 0{,}30\ m : 2{,}50\ W/(m \cdot K) + 0{,}01\ m : 1{,}60\ W/(m \cdot K) +$
$0{,}08\ m : 0{,}035\ W/(m \cdot K) + 0{,}00\ m^2 \cdot K/W =$
$[0{,}13 + 0{,}014 + 0{,}12 + 0{,}006 + 2{,}286 + 0{,}00]\ m^2 \cdot K/W = 2{,}556\ m^2 \cdot K/W$
$U_{vorh} = 1 : R_T = 1 : 2{,}556\ m^2 \cdot K/W = \underline{0{,}391\ W/(m^2 \cdot K)}$
$U_{vorh} > U_{erf}$

7 a) $U_{erf} = 0{,}30\ W/(m^2 \cdot K)$ $\quad R_{T\,erf} = 1 : U_{erf} = 1 : 0{,}30\ W/(m^2 \cdot K) = 3{,}333\ m^2 \cdot K/W$
$R_{T\,erf} = R_{si} + R_{ges} + R_{se} = R_{si} + d_1 : \lambda_1 + d_2 : \lambda_2 + d_3 : \lambda_3 + R_4 + R_{se} = 3{,}333\ m^2 \cdot K/W$
$3{,}333\ m^2 \cdot K/W = 0{,}13\ m^2 \cdot K/W + 0{,}01\ m : 0{,}70\ W/(m \cdot K) + 0{,}30\ m : 2{,}50\ W/(m \cdot K)$
$+ 0{,}01\ m : 1{,}60\ W/(m \cdot K) + R_4 + 0{,}00\ m^2 \cdot K/W$
$3{,}333\ m^2 \cdot K/W = [0{,}13 + 0{,}014 + 0{,}12 + 0{,}006 + R_4 + 0{,}00]\ m^2 \cdot K/W$
$3{,}333\ m^2 \cdot K/W = [0{,}27 + R_4]\ m^2 \cdot K/W$
$R_4 = [3{,}333 - 0{,}27]\ m^2 \cdot K/W$
$R_4 = 3{,}063\ m^2 \cdot K/W$
$d_4 : \lambda_4 = 3{,}063\ m^2 \cdot K/W$
$d_4 = 3{,}063\ m^2 \cdot K/W \cdot \lambda_4 = 3{,}063\ m^2 \cdot K/W \cdot 0{,}035\ W/(m \cdot K) = 0{,}107\ m$ $\quad$ gewählt: 11 cm

7 b) $U_{erf} = 0{,}30\ W/(m^2 \cdot K)$ $\quad R_{T\,erf} = 1 : U_{erf} = 1 : 0{,}30\ W/(m^2 \cdot K) = 3{,}333\ m^2 \cdot K/W$
$R_{T\,erf} = R_{si} + R_{ges} + R_{se} = R_{si} + d_1 : \lambda_1 + d_2 : \lambda_2 + R_3 + R_{se} = 3{,}333\ m^2 \cdot K/W$
$3{,}333\ m^2 \cdot K/W = 0{,}13\ m^2 \cdot K/W + 0{,}01\ m : 0{,}70\ W/(m \cdot K) + 0{,}30\ m : 0{,}19\ W/(m \cdot K) + R_3 + 0{,}00\ m^2 \cdot K/W$
$3{,}333\ m^2 \cdot K/W = [0{,}13 + 0{,}014 + 1{,}579 + R_3 + 0{,}00]\ m^2 \cdot K/W$
$3{,}333\ m^2 \cdot K/W = [1{,}723 + R_3]\ m^2 \cdot K/W$
$R_3 = [3{,}333 - 1{,}723]\ m^2 \cdot K/W$
$R_3 = 1{,}610\ m^2 \cdot K/W$
$d_3 : \lambda_3 = 1{,}610\ m^2 \cdot K/W$
$d_3 = 1{,}610\ m^2 \cdot K/W \cdot \lambda_3 = 1{,}610\ m^2 \cdot K/W \cdot 0{,}035\ W/(m \cdot K) = 0{,}056\ m$ $\quad$ gewählt: 6 cm

8) 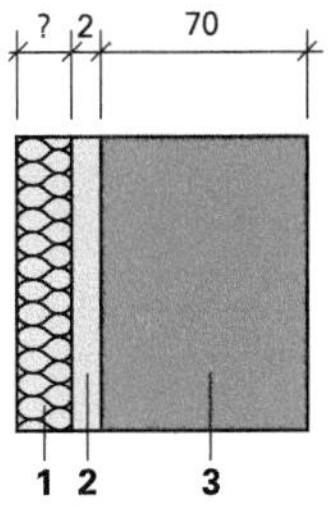

$U_{erf} = 0{,}35\ W/(m^2 \cdot K)$ $\qquad R_{T\,erf} = 1 : U_{erf} = 1 : 0{,}35\ W/(m^2 \cdot K) = 2{,}857\ m^2 \cdot K/W$

$R_{T\,erf} = R_{si} + R_{ges} + R_{se} = R_{si} + R_1 + d_2 : \lambda_2 + d_3 : \lambda_3 + R_{se} = 2{,}857\ m^2 \cdot K/W$

$2{,}857\ m^2 \cdot K/W = 0{,}13\ m^2 \cdot K/W + R_1 + 0{,}02\ m : 1{,}00\ W/(m \cdot K) + 0{,}70\ m : 2{,}3\ W/(m \cdot K) + 0{,}04\ m^2 \cdot K/W$

$2{,}857\ m^2 \cdot K/W = [0{,}13 + R_1 + 0{,}02 + 0{,}304 + 0{,}04]\ m^2 \cdot K/W$

$2{,}857\ m^2 \cdot K/W = [0{,}494 + R_1]\ m^2 \cdot K/W$

$R_1 = [2{,}857 - 0{,}494]\ m^2 \cdot K/W$

$R_1 = 2{,}363\ m^2 \cdot K/W$

$d_1 : \lambda_1 = 2{,}363\ m^2 \cdot K/W$

$d_1 = 2{,}363\ m^2 \cdot K/W \cdot \lambda_3 = 2{,}363\ m^2 \cdot K/W \cdot 0{,}06\ W/(m \cdot K) = 0{,}142\ m$ $\qquad$ gewählt: 15 cm

9) 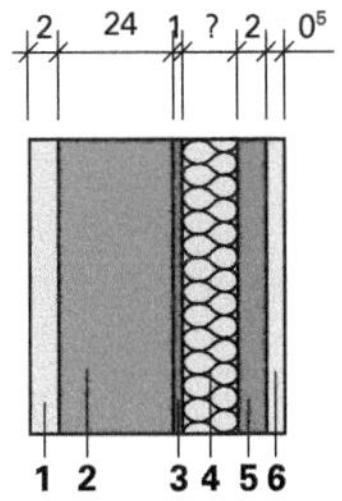

$U_{erf} = 0{,}28\ W/(m^2 \cdot K)$ $\qquad R_{T\,erf} = 1 : U_{erf} = 1 : 0{,}28\ W/(m^2 \cdot K) = 3{,}571\ m^2 \cdot K/W$

$R_{T\,erf} = R_{si} + R_{ges} + R_{se} = R_{si} + d_1 : \lambda_1 + d_2 : \lambda_2 + d_3 : \lambda_3 + R_4 + d_5 : \lambda_5 + d_6 : \lambda_6 + R_{se} = 3{,}571\ m^2 \cdot K/W$

$3{,}571\ m^2 \cdot K/W = 0{,}13\ m^2 \cdot K/W + 0{,}02\ m : 0{,}51\ W/(m \cdot K) + 0{,}24\ m : 0{,}28\ W/(m \cdot K) + 0{,}01\ m : 1{,}00\ W/(m \cdot K)$
$\qquad + R_4 + 0{,}02\ m : 1{,}00\ W/(m \cdot K) + 0{,}005 : 0{,}7\ W/(m \cdot K) + 0{,}04\ m^2 \cdot K/W$

$3{,}571\ m^2 \cdot K/W = [0{,}13 + 0{,}039 + 0{,}857 + 0{,}01 + R_4 + 0{,}02 + 0{,}007 + 0{,}04]\ m^2 \cdot K/W$

$3{,}571\ m^2 \cdot K/W = [1{,}103 + R_4]\ m^2 \cdot K/W$

$R_3 = [3{,}571 - 1{,}103]\ m^2 \cdot K/W$

$= 2{,}468\ m^2 \cdot K/W$

$d_3 : \lambda_3 = 2{,}468\ m^2 \cdot K/W$

$d_3 = 2{,}468\ m^2 \cdot K/W \cdot \lambda_3 = 2{,}468\ m^2 \cdot K/W \cdot 0{,}031\ W/(m \cdot K) = 0{,}077$ $\qquad$ gewählt: 8 cm

10) 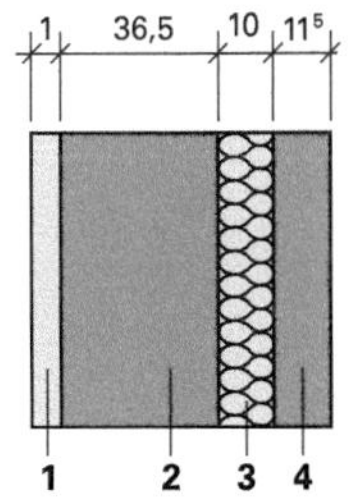

$U_{erf} = 0{,}28\ W/(m^2 \cdot K)$

$R_T = R_{si} + R_{ges} + R_{se} = R_{si} + d_1 : \lambda_1 + d_2 : \lambda_2 + d_3 : \lambda_3 + d_4 : \lambda_4 + R_{se}$

$R_T = 0{,}13\ m^2 \cdot K/W + 0{,}01\ m : 0{,}51\ W/(m \cdot K) + 0{,}365\ m : 0{,}56\ W/(m \cdot K) + 0{,}10\ m : 0{,}062\ W/(m \cdot K) +$
$\qquad 0{,}115\ m : 1{,}10\ W/(m \cdot K) + 0{,}04\ m^2 \cdot K/W$

$R_T = [0{,}13 + 0{,}020 + 0{,}652 + 1{,}613 + 0{,}105 + 0{,}04]\ m^2 \cdot K/W$

$R_T = 2{,}560\ m^2 \cdot K/W$

$U_{vorh} = 1 : R_T = 1 : 2{,}560\ W/(m^2 \cdot K) = \underline{0{,}391\ W/(m^2 \cdot K)}$

$U_{vorh} > U_{erf}$

Aufgaben Seite 212

11) 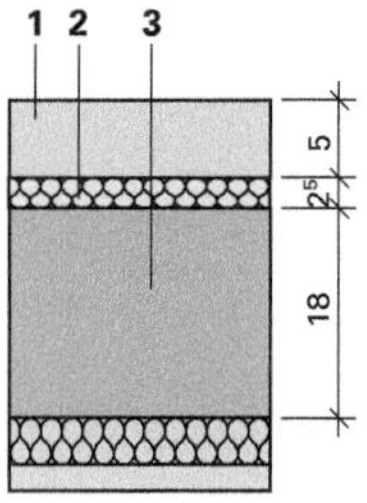

11 a) $R_T = R_{si} + R_{ges} + R_{se} = R_{si} + d_1 : \lambda_1 + d_2 : \lambda_2 + d_3 : \lambda_3 + R_{se}$

$R_T = 0{,}17\ m^2 \cdot K/W + 0{,}05\ m : 1{,}20\ W/(m \cdot K) + 0{,}025\ m : 0{,}035\ W/(m \cdot K) + 0{,}18\ m : 2{,}50\ W/(m \cdot K) + 0{,}17\ m^2 \cdot K/W$

$R_T = [0{,}17 + 0{,}042 + 0{,}714 + 0{,}072 + 0{,}17]\ m^2 \cdot K/W = 1{,}168\ m^2 \cdot K/W$

$U_{vorh} = 1 : R_T = 1 : 1{,}168\ W/(m^2 \cdot K) = \underline{0{,}856\ W/(m^2 \cdot K)}$

11 b) $U_{erf} = 0{,}30\ W/(m^2 \cdot K)$ $\quad R_{T\ erf.} = 1 : U_{erf} = 1 : 0{,}30\ W/(m^2 \cdot K) = 3{,}333\ m^2 \cdot K/W$

$R_{T\ erf} = R_{si} + R_{ges} + R_{se} = R_{si} + d_1 : \lambda_1 + d_2 : \lambda_2 + d_3 : \lambda_3 + R_4 + d_5 : \lambda_5 + R_{se} = 3{,}333\ m^2 \cdot K/W$

$3{,}333\ m^2 \cdot K/W = 0{,}17\ m^2 \cdot K/W + 0{,}05\ m : 1{,}20\ W/(m \cdot K) + 0{,}025\ m : 0{,}035\ W/(m \cdot K) + 0{,}18\ m : 2{,}50\ W/(m \cdot K) + R_4 + 0{,}015 : 0{,}70\ W/(m \cdot K) + 0{,}17\ m^2 \cdot K/W$

$3{,}333\ m^2 \cdot K/W = [0{,}17 + 0{,}042 + 0{,}714 + 0{,}072 + R_4 + 0{,}021 + 0{,}17]\ m^2 \cdot K/W$

$3{,}333\ m^2 \cdot K/W = [1{,}189 + R_4]\ m^2 \cdot K/W$

$R_4 = [3{,}333 - 1{,}189]\ m^2 \cdot K/W$

$= 2{,}144\ m^2 \cdot K/W$

$d_4 : \lambda_4 = 2{,}144\ m^2 \cdot K/W$

$d_4 = 2{,}144\ m^2 \cdot K/W \cdot \lambda_4 = 2{,}144\ m^2 \cdot K/W \cdot 0.045\ W/(m \cdot K) = 9{,}6\ cm$ $\quad$ gewählt: 10 cm

12) 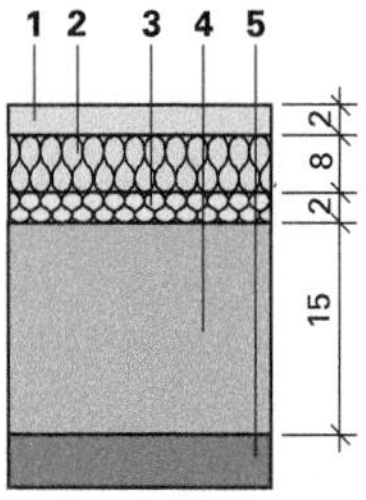

$U_{erf} = 0{,}30\ W/(m^2 \cdot K)$

$R_T = R_{si} + R_{ges} + R_{se} = R_{si} + d_1 : \lambda_1 + d_2 : \lambda_2 + d_3 : \lambda_3 + d_4 : \lambda_4 + R_{se}$

$R_T = 0{,}17\ m^2 \cdot K/W + 0{,}02\ m : 0{,}32\ W/(m \cdot K) + 0{,}08\ m : 0{,}031\ W/(m \cdot K) + 0{,}02\ m : 0{,}041\ W/(m \cdot K) + 0{,}15\ m : 2{,}50\ W/(m \cdot K) + 0{,}00\ m^2 \cdot K/W$

$R_T = [0{,}17 + 0{,}063 + 2{,}580 + 0{,}488 + 0{,}06 + 0{,}00]\ m^2 \cdot K/W$

$R_T = 3{,}361\ m^2 \cdot K/W$

$U_{vorh} = 1 : R_T = 1 : 3{,}361\ W/(m^2 \cdot K) = \underline{0{,}298\ W/(m^2 \cdot K)}$

$U_{vorh} < U_{erf}$; knapp ausreichend

Aufgaben Seiten 213–216

Projektaufgabe

Bei diesen Projektaufgaben soll der Schüler eigenständig Lösungen suchen.
Auf eine Vorgabe in Form eines Lösungsvorschlages wird deshalb verzichtet.

Lernfeld 12: Herstellen von Antragstuck

1) – zeichnerische Aufnahmeskizze der Originalform auf Zeichenpapier sowie Ergänzung eventuell fehlender Teile
– bei kleinerem Maßstab der Entwurfszeichnung im Vergleich zum Original Unterteilung der Skizze in quadratische Rasterfelder sowie Vergrößerung der Rasterfelder und Ornamentform im vorgesehenen Maßstab auf Zeichenpapier
– alternativ fotografische Aufnahme der Ornamentform mit einer Digitalkamera
– Übertragung der Abnahmeskizze mittels Pauspapier auf den Untergrund
– alternativ Projektion eines Folienausdrucks der Abnahmeskizze mittels Overheadprojektor oder der Digitalaufnahme mittels Beamer auf den Untergrund

2) – Überprüfung der erforderlichen Untergrundeigenschaften (tragfähig, rau, trocken, gleichmäßig saugend, sauber)
– durchnässten Untergrund vollständig durchtrocknen lassen
– Glättputzschichten oder nicht tragfähige Anstrichschichten entfernen
– Untergrund sorgfältig aufrauen und anschließend säubern
– Untergrund vornässen

3) – bei größeren Ornamenten, die das Anmachen größerer Mörtelmengen erfordern, die zu schnell erhärten würden

4) – Innenstuck als Baustellenmörtel aus Alabastergips und Sumpfkalk im Mischungsverhältnis 1 : 1, Werktrockenmörtel aus Kalkgipsmörtel
– Fassadenstuck aus Trasskalkmörtel für den Grobauftrag und Sumpfkalkmörtel für den Feinauftrag
– Antragen des Innenstucks in mehreren Schichten mit mindestens 5 mm Dicke, Aufrauen jeder Schicht vor dem nächsten Auftrag, Glätten der Oberfläche der letzten Schicht
– bei Fassadenstuck zur Verminderung der Feuchteaufnahme besonders sorgfältige Verdichtung und Glättung der Oberfläche, durch Formgebung Verhindern von Wasseransammlungen und Sicherung der Entwässerung

1) – Vervielfältigung des Originalelements durch mehrfache Kopie in einer Gussform möglich
– identische Kopien ohne Abweichungen von der Originalform, im manuellen Antrag kaum möglich
– Zeit- und Kostenersparnis

2) – Lösen der Gussform vom Originalmodell ohne Schäden an Gussform oder Originalmodell
– Schelllacklösung, Seifenlösung, herstellerspezifische Trennmittel

3) – Spiegelform für spiegelbildliche Kopien flacher Reliefs oder Ornamente
– einteilige Schalenform für größere plastische Originale, die eine stützende Schale für die dünne Gussform benötigen, damit diese sich beim Abguss nicht verformt
– zweiteilige Form für dreidimensionale kompliziertere Originale mit Hinterschneidungen, die mit einer Schale nicht ohne Zerstörung der Form herstellbar wären
– mehrteilige Keil- oder Stückform für vollplastische Orignale mit starken und komplizierten Hinterschneidungen; Unterteilung der Form in einzelne keilförmige Elemente ohne Hinterschneidungen, vor dem Abguss erneut zusammenzufügen
– verlorene Form, nach dem Abguss zu zerstören; für Originale mit starken Hinterschneidungen oder Kopien weicher plastischer Originale wie z. B. menschliche Körperteile

4) – Originalmodell auf ebener Unterlage befestigen
– Original mit Abstand mit einem Gussrahmen umbauen, diesen am Untergrund befestigen und Fugen abdichten
– Siliconkautschuk für die Gussform aus Harz und Härter nach Herstellerangaben mischen
– Formmasse gleichmäßig in Gussrahmen einfüllen bis zur Überdeckung des höchsten Originalpunktes um etwa 5 mm
– nach Formerhärtung Gussrahmen entfernen, Form vom Original lösen und reinigen
– Form wenden, Gussrahmen wieder anbringen und Fugen abdichten
– Form und Rahmen mit Trennmittel beschichten
– Abgussmörtel aus Alabastergips und Abbindeverzögerer anmachen
– Gussform mit Abgussmörtel bis zur Rahmenhöhe ausfüllen, zur Vermeidung von Blasenbildung schütteln oder klopfen
– nach Gipserhärtung Rahmen lösen und Abguss aus der Form lösen
– Nachbehandlung der Fehlstellen mit Gipsbrei, Oberflächen abschleifen

5) – Tonschicht ersetzt als Platzhalter die spätere zweite Formschale
– ohne vorhandene Tonschicht läuft Formmasse beim Übergießen unter Originalmodell
– Entstehung einer einschaligen Form mit Hinterschneidungen; wäre nachträglich nicht mehr ohne Schäden in zwei Schalen trennbar
– nach dem Wenden der Form Entfernung der Tonschicht vom Original; an ihrer Stelle Gießen der zweiten Formschale möglich

6) – Sicherung des passgenauen Sitzes beider Formschalen nach dem erneuten Zusammenfügen vor dem Abgussvorgang

Aufgaben Seite 227

1) – Stuckmarmor als Imitation von Struktur und Farbgebung des Natursteins Marmor
– Herstellung aus eingefärbtem Gipsmörtel mit abgestuften Farbtönungen
– Mörtel aus Alabastergips mit Leimwasser sowie kalk- und lichtechten Erdfarbenpigmenten als Abbindeverzögerer
– Wachs zum Polieren der Oberflächen

2) – Anmischen der erforderlichen Gesamtmenge des Mörtels mit Alabastergips und Leimwasser
– Durchkneten des Mörtels zu teigartiger Konsistenz; Abtrennen der Mörtelmenge für Äderung
– Teilung der Restmenge in zwei gleiche Teile
– erste Teighälfte verbleibt in Weiß zur weiteren Farbtonaufhellung; Teilung in vier Teile
– Mischung der zweiten Teighälfte mit vorgesehener Pigmentmischung zum Grundfarbton
– Abtrennung der zur Spachtelung vorgesehenen Teigmenge vom Grundfarbton
– Teilung der Restmenge in vier Teile; erstes Viertel verbleibt als Farbton 1
– Mischung der Restmenge des Grundfarbtons mit erstem Viertel des Weißtons
– Teilung der Mischung in vier Teile; ein Viertel verbleibt als Farbton 2
– in der Folge schrittweise Mischung der jeweiligen Restmengen mit verbleibenden Vierteln des Weißtons zu insgesamt fünf Farbtonabstufungen des Grundfarbtons

3) – ruhige Farbgebung durch wenige und kontrastarme Farbtonabstufungen bei der Mörtelherstellung
– Verzicht auf Äderung oder aber kontrastarme Farbabstufungen
– Verzicht auf Teilung der geschichteten Mörtelkuchen vor dem Schneiden in Scheiben
– keine oder nur geringfügige weitere Teilung und Mischung der Mörtelscheiben
– lebhafte Farbgebung durch vielfältige und kontrastreiche Farbabstufungen bei der Mörtelherstellung
– kontrastreiche Äderung zwischen die Farbtonschichten der Mörtelkuchen einbringen
– nach dem Schneiden der Mörtelkuchen in dicke Scheiben diese mehrfach in Streifen und Würfel schneiden, mit Adermasse vermischen, zu Stollen formen und zusammendrücken

4) – Vornässen des Untergundes und Auftragen eines Verbindungsmörtels aus Mörtelresten als Haftbrücke
– Mörtelkuchen bzw. -stollen in etwa 10 mm dicke Scheiben schneiden und einzeln so auf dem Untergrund antragen, dass Farbstrukturen und Äderung durchlaufen und ohne starke Brüche harmonisch ineinander übergehen
– Andrücken der Scheiben an den Untergrund, leicht verstreichen und Oberfläche einebnen

5) – Schließen aller Poren oder Fehlstellen an der Mörteloberfläche
– Vorbereitung für das Schleifen einer ebenen Oberfläche und das Polieren

6) – schrittweiser Grobschliff mit Bimssteinen der Stärken 2…4
– nach jedem Schliff Säuberung und Durchtrocknung der Oberfläche
– danach erneute Spachtelung
– schrittweiser Feinschliff mit Nassschleifpapier der Stärken 360…600, ebenfalls jeweils mit Spachtelung nach jedem Schleifgang
– Politur mit Nassschleifpapier der Feinkörnungen 800…1000
– nach völligem Durchtrocknen Wachsen der Oberfläche und Hochglanzpolitur mit einem weichen Tuch

Aufgaben Seiten 228

Projektarbeit

Bei diesen Projektaufgaben soll der Schüler eigenständig Lösungen suchen.
Auf eine Vorgabe in Form eines Lösungsvorschlages wird deshalb verzichtet.

Lernfeld 13: Erstellen einer Unterdecke in Trockenbauweise

Aufgaben Seite 231

1) Deckenbekleidungen und Unterdecke sind ebene oder anders geformte Decken mit glatter, gelochter oder gegliederter Fläche, die aus einer Unterkonstruktion und einer flächenbildenden Decklage bestehen. Bei einer Deckenbekleidung wird die Konstruktion unmittelbar an dem tragenden Bauteil verankert. Bei einer Unterdecke wird die Konstruktion abgehängt, d. h., das Verankerungselement wird mit der Unterkonstruktion durch Abhänger verbunden.

2) Aufgaben von Unterdecken: Beeinflussung der Raumakustik durch Schallabsorption, Verbesserung der Luft- und Trittschalldämmung, Gewährleistung des geforderten Brandschutzes, dekorative Gestaltung der Deckenuntersicht und Träger haustechnischer Elemente.

3) Die Vor- und Nachteile ergeben sich aus dem Abhänger selbst in Bezug auf die benötigten Eigenschaften. Die folgenden Aspekte spielen bei der Bewertung eine bedeutsame Rolle: maximale Tragfähigkeit, erforderliche Konstruktionshöhe, maximal mögliche Abhänghöhe, Justierbarkeit/Ausgleich von Unebenheiten der Rohdecke, Verwendbarkeit bei Brandschutz (auch im Deckenzwischenraum), Verbesserung der Luft- und Trittschalldämmung, Einsetzbarkeit und Kompatibilität mit der Unterkonstruktion.

Aufgaben Seite 234

1) CD 60/27 Profil, Holzlattung 50/30 mm, UA-Profil 50/40, Hutprofil 98/15, Federschiene 60/27, Direktmontage-Clip für CD 60/27, Kreuzverbinder für CD 60/27, Ankerwinkel für CD 60/27, Niveauverbinder für CD 60/27, Sicherheitsquerverbinder und Profilverbinder für CD 60/27 (längs).

2) Die realisierbaren Konstruktionshöhen sind im Wesentlichen von folgenden Faktoren abhängig: erforderliche Konstruktionshöhe des Abhängers, Ausführung der Unterkonstruktion und Dicke der Beplankung.

   Berechnungsbeispiel: Nonius-Abhänger (130 mm), Grund- und Tragprofil (54 mm) und Beplankung $(2 \cdot 12{,}5\ \text{mm}) = 209\ \text{mm}$, etwa 210 mm erforderliche Konstruktionshöhe der Unterdecke.

   Bei der Planung können auch andere Faktoren eine maßgebliche Rolle spielen. Die benötigte Mindestabhänghöhe UK Rohdecke bis OK Beplankung ist gegebenenfalls beim Brandschutz einzuhalten.

3) Einfluss auf die Gestaltungsmöglichkeit hat man zum Beispiel durch die Auswahl einer geschlossenen, gerasterten oder offenen Deckenuntersicht. Die Decklage kann eben oder gewölbt ausgeführt werden. Zusätzlich besteht die Möglichkeit, durch die gewählte Lochung (Rundlochung, Streulochung, Quadratlochung oder Akustikplatte mit hexagonalem Lochdesign) oder das Material (Gipsplatte, Holz- oder Mineralwolle) gestalterisch Einfluss zu nehmen.

4) Deckennagel, Betonschraube oder Einschlaganker.

5) Beim Reibeschluss wird der gespreizte Dübel an die Bohrlochwand gedrückt und trägt durch Reibung. Beim Stoffschluss verbindet der Dübel (Verbunddübel) sich durch Mörtel oder Kunstharz stofflich mit dem Ankergrund.

6) Bei der Vorsteckmontage wird zuerst das Bohrloch angezeichnet, dann gebohrt, der Dübel gesetzt und dann das Bauteil befestigt (z.B. Einschlaganker).
   Bei der Durchsteckmontage hingegen kann das anzuschließende Bauteil positioniert werden. Dann wird durch die Löcher im Anbauteil hindurchgebohrt. Der Dübel kann danach durch das Anbauteil hindurchgesteckt und montiert werden, ohne dass das Bauteil noch einmal entfernt werden muss (z. B. Nagelanker).

7) Bei einem redundanten System zielt eine funktionelle Redundanz darauf ab, dass beim Ausfall einer sicherheitstechnischen Komponente (z. B. Deckennagel) eine funktional gleiche Komponente die Aufgabe übernehmen und so eine Funktionssicherheit/Schadensfreiheit gewährleistet werden kann.

1) Wichtiges für den Betrieb:
- Nur Bolzenschubwerkzeuge mit Zulassungszeichen und gültigem Prüfzeichen einsetzen.
- Nur vorgeschriebene Munition verwenden. Sie ist auf dem Typenschild und in der Betriebsanleitung angegeben.
- Die Stärke der Ladung nach dem Verwendungszweck auswählen.
- Setzbolzen nie in ungeeignete Bauteile (z. B. Hohlblocksteinmauerwerk, Lochziegel, Leichtbaustoffe) eintreiben.
- Beim Bolzensetzen müssen Benutzer und Helfer Schutzhelm, Schutzbrille und Gehörschutz tragen.
- Jugendliche dürfen nur mit Bolzenschubwerkzeugen arbeiten, wenn sie unter Aufsicht eines Fachkundigen stehen und diese Arbeiten zur Erreichung des Ausbildungszieles erforderlich sind.

2) Zum Beispiel Nagelanker Fischer FNA II
(www.fischer.de)
Auszug aus der ETA-06/0175 Seite 7:

4.3 Einbau der Dübel

Von der Brauchbarkeit des Dübels kann nur dann ausgegangen werden, wenn folgende Einbaubedingungen eingehalten sind:

- *Einbau durch entsprechend geschultes Personal unter der Aufsicht des Bauleiters.*
- *Einbau nur so, wie vom Hersteller geliefert, ohne Austausch der einzelnen Teile.*
- *Einbau nach den Angaben des Herstellers und den Konstruktionszeichnungen mit den angegebenen Werkzeugen.*
- *Überprüfung vor dem Setzen des Dübels, ob die Festigkeitsklasse des Betons, in den der Dübel gesetzt werden soll, nicht niedriger ist als die Festigkeitsklasse des Betons, für den die charakteristischen Tragfähigkeiten gelten.*
- *Einwandfreie Verdichtung des Betons, z. B. keine signifikanten Hohlräume.*
- *Einhaltung der festgelegten Rand- und Achsabstände ohne Minustoleranzen.*
- *Anordnung der Bohrlöcher ohne Beschädigung der Bewehrung.*
- *Bei Fehlbohrungen: Anordnung eines neuen Bohrlochs in einem Abstand, der mindestens der doppelten Tiefe der Fehlbohrung entspricht, oder in geringerem Abstand, wenn die Fehlbohrung mit hochfestem Mörtel verfüllt wird und wenn sie bei Quer- oder Schrägzuglast nicht in Richtung der aufgebrachten Last liegt.*
- *Reinigung des Bohrlochs vom Bohrmehl.*
- *Einhaltung der effektiven Verankerungstiefe. Diese Bedingung ist erfüllt, wenn die zulässige Anbauteildicke eingehalten ist. Für den Dübeltyp FNA II 6xh_{ef}OE muss die Öse auf der Betonoberfläche aufliegen.*

Aufgaben Seite 238

1)

Unterkonstruktion	Abmessungen	Zulässige Stützweiten in mm bei einer Gesamtlast		
		bis 0,15 kN/m²	über 0,15 kN/m² bis 0,30 kN/m²	über 0,30 kN/m² bis 0,50 kN/m²
Profile aus Stahlblech nach DIN 18182-1 und DIN EN 14195				
Grundprofil (x), in mm	CD 60 x 25 x 06	900	750	600
Tragprofil (y), in mm	CD 60 x 27 x 06	1000	1000	750
Holzlatten (Breite x Höhe), in mm				
Grundlatte, abgehängt	30 x 50[1)]	1000	850	700
Grundlatte, abgehängt	40 x 60	1200	1000	850
Traglatte	48 x 24	700	600	500
Traglatte	50 x 30	850	750	600
[1)] Nur in Verbindung mit Traglatten von 50 mm Breite und 30 mm Höhe				

Zulässige Achsabstände der Unterkonstruktion gemäß DIN 18181 für Profile aus Stahlblech CD 60 x 27 x 06 und Holzlatten

Der Abhängerabstand darf maximal 750 mm betragen.

Die Grundprofile dürfen mit einem maximalen Achsabstand von 1000 mm montiert werden.

2) Alternativ zur dargestellten Unterkonstruktion (Tragprofile) auf Seite 239 könnte das zweite Profil mit einem Achsabstand von 40 cm angebracht werden. Dann könnte zu Beginn der Beplankungsarbeiten eine Gipsplatte mit der Länge 2000 mm oder 2500 mm ohne Längsanschnitt verwendet werden.

Aufgaben Seite 246

1 a) Berechnung Plattenzahl längs und Friesbreite *a:*

(9,01 m – 2 · 0,005 m – 2 · 0,15 m) : 0,625 m = 8,7 m : 0,625 m = 13,92 Platten
→ gewählt 13 ganze Platten

Friesbreite *a:*
(9,01 m – 2 · 0,005 m – 13 · 0,625 m) : 2 = 0,875 m : 2 = 0,4375 m

Berechnung Plattenzahl längs und Friesbreite *b:*

(6,01 m – 2 · 0,005 m – 2 · 0,15 m) : 0,625 m = 5,7 m : 0,625 m = 9,12 Platten → gewählt 9 ganze Platten

Friesbreite *b:*
(6,01 m – 2 · 0,005 m – 9 · 0,625 m) : 2 = 0,375 m : 2 = 0,1875 m

Berechnung Friesbreite *y* und *z:*

Friesbreite *y:*
(6,00 m – 2 · 0,005 m – 0,4375 m) : 0,625 m = 5,5525 m : 0,625 m = 8,884 Platten → gewählt 8 ganze Platten
6,00 m – 2 · 0,005 m – 0,4375 m – 8 · 0,625 m = 0,5525 m

Friesbreite *z:*
(5,01 m – 2 · 0,005 m – 0,1875 m) : 0,625 m = 4,8125 m : 0,625 m = 7,7 Platten → gewählt 7 ganze Platten
5,01 m – 2 · 0,005 m – 0,1875 m – 7 · 0,625 m = 0,4375 m

1 b) Zeichnung Verlegeplan:

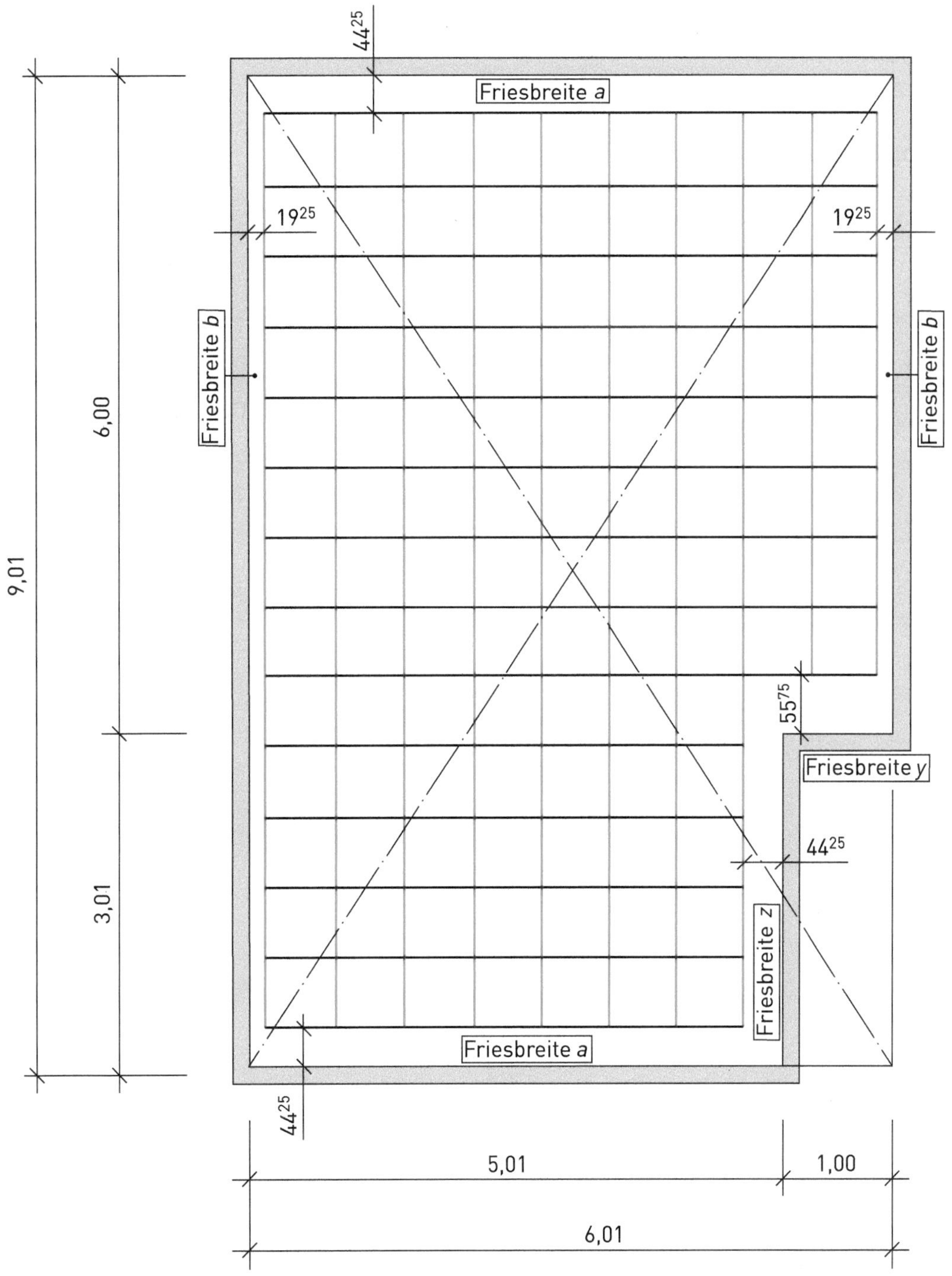

Name:	Benennung: Verlegeplan	Seite: 246/1
Datum:		Maßstab: 1:50

2 a) Berechnung Plattenzahl längs und Friesbreite *a:*

(9,51 m – 2 · 0,005 m – 2 · 0,15 m) : 0,625 m = 9,2 m : 0,625 m = 14,72 Platten → gewählt 13 ganze Platten
Friesbreite *a:*
(9,51 m – 2 · 0,005 m – 13 · 0,625 m) : 2 = 1,375 m : 2 = 0,6875 m

Berechnung Plattenzahl längs und Friesbreite *b:*
(6,26 m – 2 · 0,005 m – 2 · 0,15 m) : 0,625 m = 5,95 m : 0,625 m = 9,52 Platten → gewählt 9 ganze Platten
Friesbreite *b:*
(6,26 m – 2 · 0,005 m – 9 · 0,625 m) : 2 = 0,625 m : 2 = 0,3125 m

Berechnung Friesbreite *w* und *x:*
Friesbreite *w:*
(5,51 m – 2 · 0,005 m – 0,6875 m) : 0,625 m = 4,8125 m : 0,625 m = 7,7 Platten → gewählt 7 ganze Platten
5,51 m – 2 · 0,005 m – 0,6875 m – 7 · 0,625 m = 0,4375 m
Friesbreite *x:*
(3,01 m – 2 · 0,005 m – 0,6875 m) : 0,625 m = 2,3125 m : 0,625 m = 3,7 Platten → gewählt 3 ganze Platten
3,01 m – 2 · 0,005 m – 0,6875 m – 3 · 0,625 m = 0,4375 m

Berechnung Friesbreite *y* und *z:*
Friesbreite *y:*
(2,01 m – 2 · 0,005 m – 0,3125 m) : 0,625 m = 1,6875 m : 0,625 m = 2,7 Platten → gewählt 2 ganze Platten
2,01 m – 2 · 0,005 m – 0,3125 m – 2 · 0,625 m = 0,4375 m
Friesbreite *z:*
(2,51 m – 2 · 0,005 m – 0,3125 m) : 0,625 m = 2,1875 m : 0,625 m = 3,5 Platten → gewählt 3 ganze Platten
2,51 m – 2 · 0,005 m – 0,3125 m – 3 · 0,625 m = 0,3125 m

2 b) Zeichnung Verlegeplan:

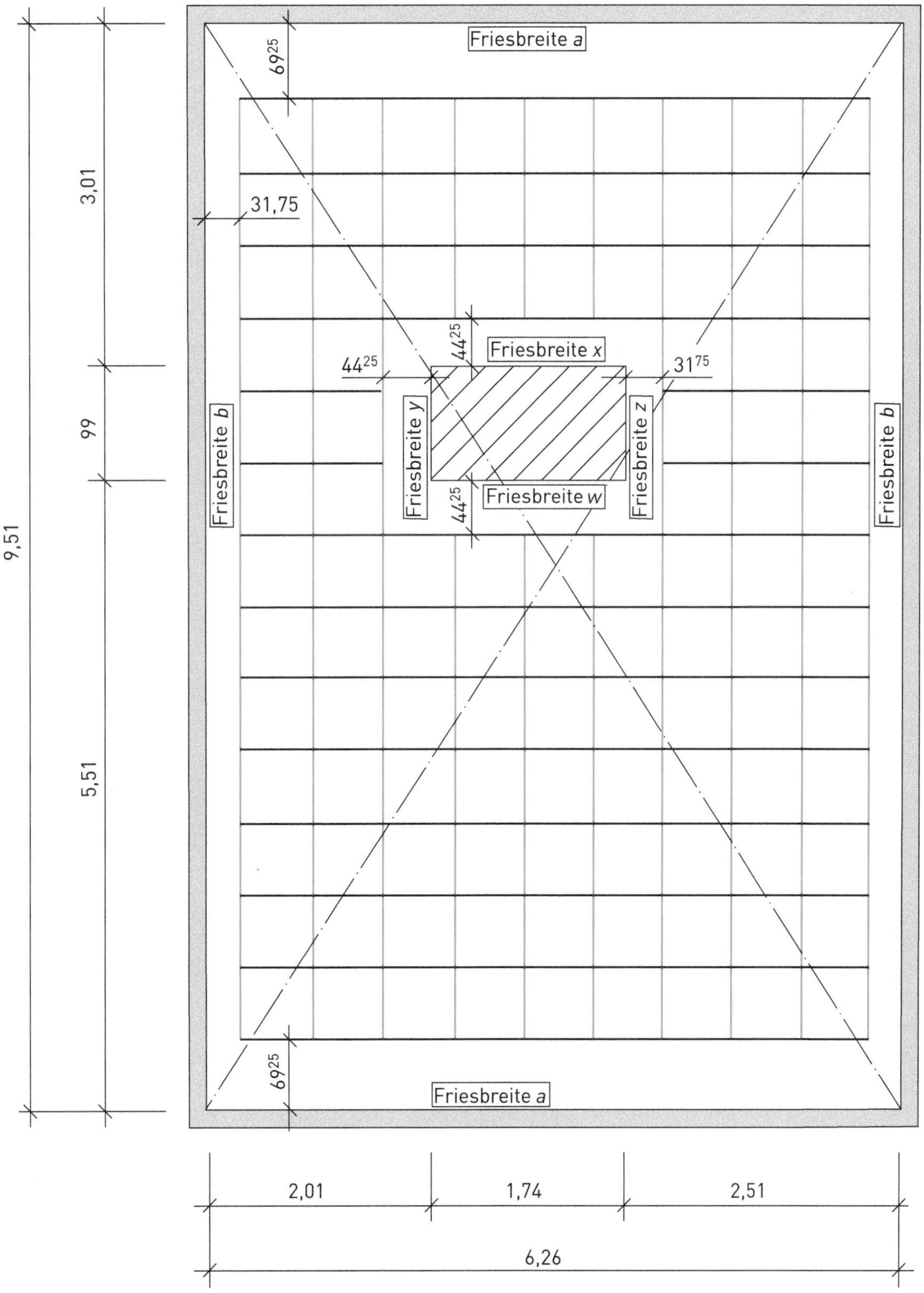

Name:	Benennung:	Seite: 246/2
Datum:	Verlegeplan	Maßstab: 1:50

Aufgaben Seite 249

1) Stahlbetondecke → Deckenbauart III
F 90-A in Verbindung mit der Rohdecke
Abstand UK Rohdecke bis OK Beplankung mindestens 80 mm
keine Mineralwoll- bzw. Dämmschicht im Deckenhohlraum
Beplankung mit GKF bzw. Typ DF $d = 15$ mm
Abstände: Abhänger maximal 1000 mm, Grundprofile maximal 1000 mm und Tragprofile maximal 500 mm

2) Die Dämmschichten im Zwischendeckenbereich können brandschutztechnisch zweierlei Wirkungen entfalten: Zum einen können sie dazu beitragen, dass die Temperaturerhöhung auf der feuerabgekehrten Seite der Unterdecke langsamer erfolgt und somit das Brandverhalten positiv beeinflussen, sie können aber auch durch einen Hitzestau in der Decklage diese negativ beeinflussen. Aus diesem Grund müssen die Hinweise zur Dämmstoffauflage unbedingt eingehalten werden.

3) Brandschutz F 60-B von unten in Verbindung mit der Rohdecke (Holztafelbauart):
1. Beplankung 2 · 12,5 mm GKF
2. Unterkonstruktion (Abstände Tragprofil max. 500 mm)
3. Mineralwolle-Dämmschicht, Schmelzpunkt > 1000 °C, min. Dicke 60 mm und min. Rohdichte 30 kg/m³
4. Oberbeplankung (Deckenoberseite der Rohdecke) brandschutztechnisch erforderlich, z. B. Holzwerkstoffplatte, mind. Dicke 13 mm mit einer Rohdichte > 600 kg/m³

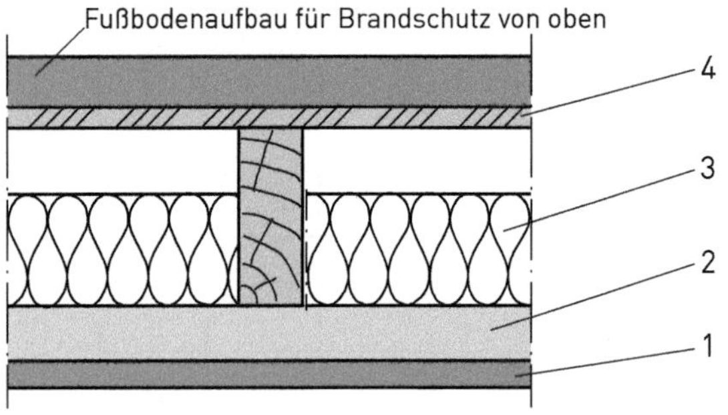

Aufgaben Seite 252

1) Die Wohngewohnheiten und akustischen Ansprüche haben sich in den letzten Jahrzehnten deutlich verändert. Einerseits können mit relativ einfachen elektroakustischen Musik-Wiedergabegeräten hohe Schalldruckpegel erzeugt werden, andererseits besteht aufgrund des ständig und überall steigenden Lärmpegels in unserem Alltag zunehmend das Bedürfnis nach Ruhe. Um beides ohne Konflikte mit Nachbarn realisieren zu können, erwarten Bewohner Vorkehrungen zur Schalldämmung, um die Geräuschübertragung auf ein komfortables Niveau abzusenken. Insbesondere Decken trennen meistens Wohneinheiten unterschiedlicher Benutzer. Folglich haben die Rohdecken in Verbindung mit den Unterdecken besondere Anforderungen an den Schallschutz zu erfüllen, um ein Mindestmaß an Vertraulichkeit und Ruhe zu gewährleisten.

2) **Schalltransmission:** Trifft eine Schallwelle z. B. auf eine Wand oder Decke, wird je nach Eigenschaft des „Hindernisses" ein Teil reflektiert, ein Teil beim Durchqueren absorbiert und der verbleibende Rest durch die Wand oder Decke transmittiert. Dieser tritt auf der Rückseite der Wand oder Decke wieder aus und kann hier z. B. von einem Nachbarn wahrgenommen werden.
Flankenübertragung: Neben der Schalltransmission durch ein Bauteil kann der Schall auch über die flankierenden Bauteile übertragen werden. Bei Decken sind diese Bauteile die Wände. Ein Randdämmstreifen beispielsweise soll die Trittschallübertragung aus dem Fußbodenaufbau auf die flankierende Wand reduzieren.

3) **Einschalige Bauteile:** Die flächenbezogene Masse.
Zweischalige Bauteile: Die flächenbezogene Masse der 1. Schale, die Verbindung der beiden Schalen, der Abstand der beiden Schalen, Hohlraumdämpfung und die flächenbezogene Masse der 2. Schale.

4) Um den Trittschallschutz von Decken zu bewerten, werden mithilfe eines Normhammerwerks Messungen durchgeführt. Das Normhammerwerk besteht aus auf einer Geraden angeordneten Hämmern mit definierten Massen, Fallhöhen sowie Schlagzahlen. Dieses Hammerwerk wird auf der zu prüfenden Decke positioniert und dann der Schallpegel im darunterliegenden Raum gemessen.
Achtung! Im Gegensatz zur Bewertung des Luftschallschutzes, bei dem hohe Zahlenwerte des Schalldämm-Maßes (in dB) einen guten Schallschutz kennzeichnen, wird für die Bewertung des Trittschallschutzes der Schallpegel im Empfangsraum (beim Nachbarn) herangezogen. Niedrige Zahlenwerte kennzeichnen einen guten Schallschutz. Der Trittschallpegel ist somit nicht als „Dämmung“, sondern als Maß für die Geräuschbelästigung durch den Nachbarn zu verstehen.

Aufgaben Seite 254

1) Holzbalkendecken haben aufgrund der geringen flächenbezogenen Masse und der ausgeprägten Körperschallbrücken (Holzbalken) gegenüber Massivdecken einige schallschutztechnische Nachteile.
Die Schalldämmung ist im tiefen Frequenzbereich (< 500 Hz) schlecht, mit steigender Frequenz steigt sie an und erreicht im hohen Frequenzbereich gute Werte.

2) Der Einbau eines Estrichs auf Dämmschicht (schwimmenden Estrichs) und der Einbau von „entkoppelten“ Deckenbekleidungen oder Unterdecken.

3) 41 dB

4) Ausreichend flächenbezogene Masse der Beplankung, Entkopplung zwischen den Schalen (frei tragende Unterdecke optimal) und Einbau von Hohlraumdämpfung, z. B. Holzfaserdämmstoffe oder Mineralwolle.

5) **Deckenaufbau:** mit $L_{n,w}$ = 25 dB
1. Zementestrich, 50 mm
2. PE-Folie als Trennlage
3. Trittschalldämmung, 40 mm
4. Schüttung in Pappwabe, 60 mm
5. Rohdecke aus Brettsperrholz, 189 mm
6. Gipsfaserplatten 2 x 15 mm
7. Federschiene mit Hohlraumdämmung, 27 mm
8. Gipsfaserplatten 2 x 15 mm

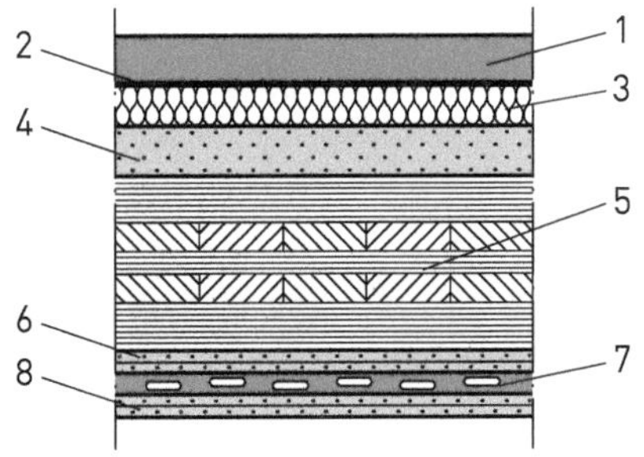

6) Beplankung mit großer flächenbezogener Masse, z. B. Knauf Silentboard, Entkoppelung durch Unterkonstruktion mit Federschienen, Direktschwingabhänger, TPS-System (Protektor) oder Verwendung von MW-Profilen.

Aufgaben Seite 255

1) Zu viel Lärm kann psychische und physiologische Reaktionen bei Menschen auslösen. Es können Minderung der Konzentrationsfähigkeit, Nervosität, Erhöhung von Stresshormonen, erhöhtes Risiko für Herz-Kreislauf-Erkrankungen, Schwerhörigkeit oder Verringerung der Magen-Darm-Bewegung auftreten.

2) Der Schallabsorptionsgrad definiert das Verhältnis von reflektierter zu absorbierter Schallenergie. Dabei entspricht ein Wert von 0 einer totalen Reflexion, ein Wert von 1 dagegen einer vollständigen Absorption. Multipliziert man den Schallabsorptionsgrad mit 100, so erhält man die Schallabsorption in Prozent: a = 0,75 bedeutet 75 % Schallabsorption, entsprechend verbleiben 25 % Schallreflexion.

3) Durch den Einbau von möglichst viel Schallabsorptionsfläche bzw. einer möglichst großen äquivalenten Schallabsorptionsfläche (Raumbegrenzungsflächen und Einrichtungsgegenstände mit großem Schallabsorptionsgrad).

1) Bei der Planung von Fugen und Anschlüssen sollten folgende Grundsätze beachtet werden:
   - Bewegungsfugen des Bauwerks müssen konstruktiv mit gleicher Bewegungsmöglichkeit übernommen werden
   - Gipsbauteile sind von anderen Bauteilen konstruktiv zu trennen
   - bei größeren Bauteilflächen sind Dehnungs- oder Bewegungsfugen anzuordnen
   - bei ausgeprägten Querschnittsänderungen der Bekleidungsflächen wie Flurerweiterungen oder einspringenden Wänden sind Fugen anzuordnen
   - bei zu erwartenden Bewegungen der Rohbaukonstruktion sind gleitende Decken- und Wandanschlüsse auszuführen
   - hygrische und thermische Längenänderungen sind zu berücksichtigen (z. B. durch Luftfeuchtesenkung und Temperaturanstieg)

2) Der Einbau von Bewegungs- und Dehnungsfugen in Deckenbekleidungen und Unterdecken ist bei folgenden Gegebenheiten einzuplanen:
   - konstruktive Fugen des Rohbaus sind an der entsprechenden Stelle in Deckenbekleidungen oder Unterdecken anzuordnen
   - Deckenflächen sind in der Regel bei Gipsplatten alle 15 m und bei Gipsfaserplatten alle 8 m sowohl in Längs- als auch in Querrichtung durch Dehnungs- oder Bewegungsfugen zu begrenzen. Eine Reduzierung der Seitenlängen ist erforderlich, wenn eine freie Verformung der Deckenfläche durch die vorliegende Grundrissgestaltung behindert wird

3)

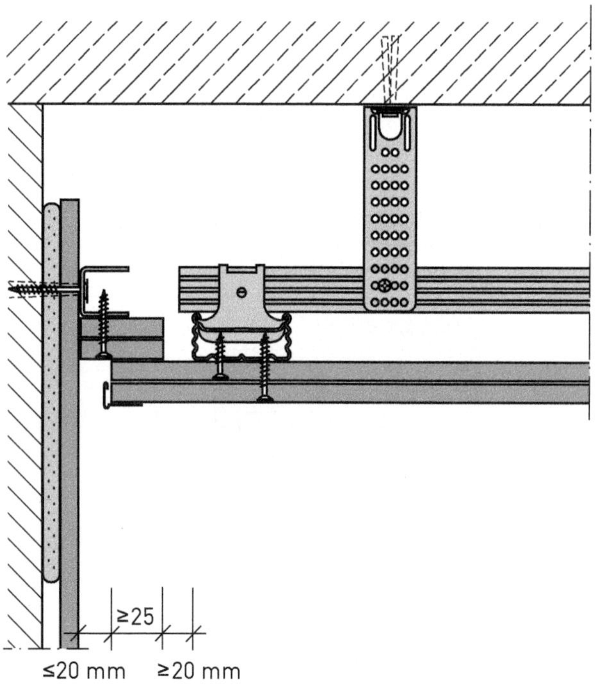

4)

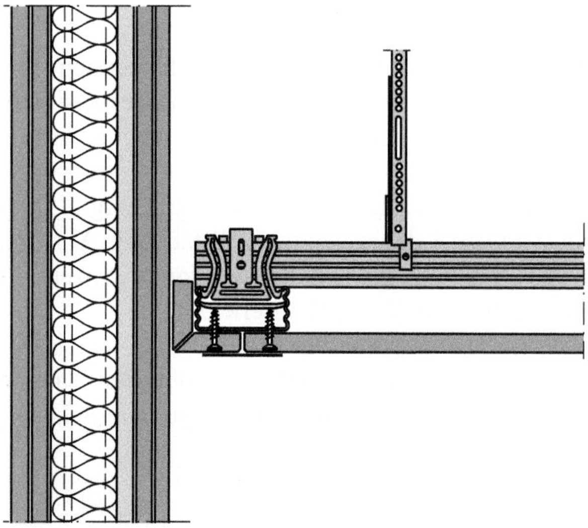

Aufgaben Seite 262

1) Ein Deckenschott wird in den Unterdeckenhohlraum eingebaut, um die Brandweiterleitung zu verhindern oder um die Schalllängsleitung im Bereich des Deckenhohlraumes zu reduzieren.

2) Einbauleuchten können nur dann in Unterdecken mit Brandschutzanforderungen eingebaut werden, wenn sie mit einer den Anforderungen an die Feuerwiderstandsdauer der Unterdecke entsprechenden Brandschutzummantelung versehen werden. Im Leuchtenbereich ist die Unterkonstruktion der Unterdecke auszuwechseln und für die Brandschutzummantelung müssen zusätzliche Abhängerpunkte vorgesehen werden.

3) Bei dieser Aufgabe soll der Schüler eigenständig Lösungen suchen.
Auf eine Vorgabe in Form eines Lösungsvorschlages wird deshalb verzichtet.

Aufgaben Seite 268

Projektaufgabe:

1) Berechnung Plattenzahl längs und Friesbreite Stirnseite:
(10,03 m – 2 · 0,005 m – 2 · 1 m) : 0,625 m = 8,02 m : 0,625 m = 12,832 Platten → gewählt 12 ganze Platten
Friesbreite Stirnseite:
(10,03 m – 2 · 0,005 m – 12 · 0,625 m) : 2 = 2,52 m : 2 = 1,26 m
Berechnung Plattenzahl quer und Friesbreite Tür und Fenster:
(6,47 m – 2 · 0,005 m) : 0,625 m = 6,46 m : 0,625 m = 10,336 Platten → gewählt 9 ganze Platten
Friesbreite Tür und Fenster:
(6,47 m – 2 · 0,005 m – 9 · 0,625 m) : 2 = 0,835 m : 2 = 0,4175 m

2) Materialbedarfsrechnung (Kassettendecke):

Fläche der Kassettendecke: 7,5 m · 5,625 m = 42,19 m²

Materialbedarf:	Kassettendecke						
Materialliste	Verbrauch pro m²	Aufmaßfläche m²	Verlustfaktor	gesamt Materialmenge inkl. Verlust	Größe der Liefereinheit	Einheit	Materialbedarf je Liefereinheit in Stück
Gipsplatte (Globe 625 x 625 mm, Kante A)	1,0	42,19	1,10	46,409	0,391	m²	118,69
Hauptprofil T15 (15 x 3750 x 38, Kante A)	0,8	42,19	1,10	37,1272	3,75	m	9,90
Querprofil T15 (15 x 1250 x 38, Kante A)	1,6	42,19	1,10	74,2544	1,25	m	59,40
Querprofil T15 (15 x 625 x 38, Kante A)	0,8	42,19	1,10	37,1272	0,625	m	59,40
Randwinkel (22 x 3050 x 22)	0,4	42,19	1,10	18,5636	3,05	m	6,09
Schnellabhänger	2,0	42,19	1,10	92,818	100	St./Paket	0,93
Ösendraht	2,0	42,19	1,10	92,818	100	St./Paket	0,93
Deckennägel	2,0	42,19	1,10	92,818	100	St./Paket	0,93

3) Wandanschluss mit Übergang vom fugenlosen Fries zur Rasterdecke

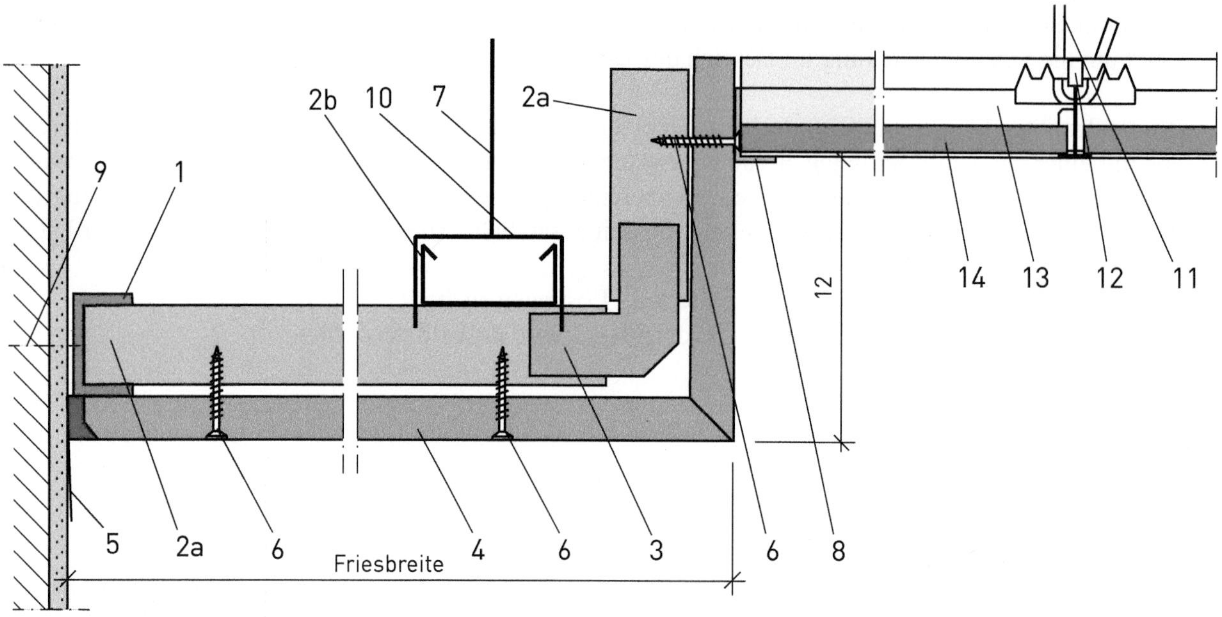

1. UD-Profil
2. CD-Profil 60 x 27 (2a Tragprofil *e* = 400 mm, 2b Grundprofil)
3. Winkelverbinder 90°
4. Decklage (GKB, *d* = 12,5 mm, Formteil mit V-Fräsung)
5. TrennFix
6. Schnellbauschraube TN
7. justierbarer Abhänger (z. B. Noniusabhänger)
8. Randwinkel
9. für den Untergrund geeignetes Befestigungsmittel
10. Kreuzverbinder für CD 60 x 27
11. justierbarer Schnellabhänger
12. Tragprofil
13. Querprofil
14. Gipskassette (Rastermaß 62,5 x 62,5, *d* = 12,5 mm)

4) Verlegeplan

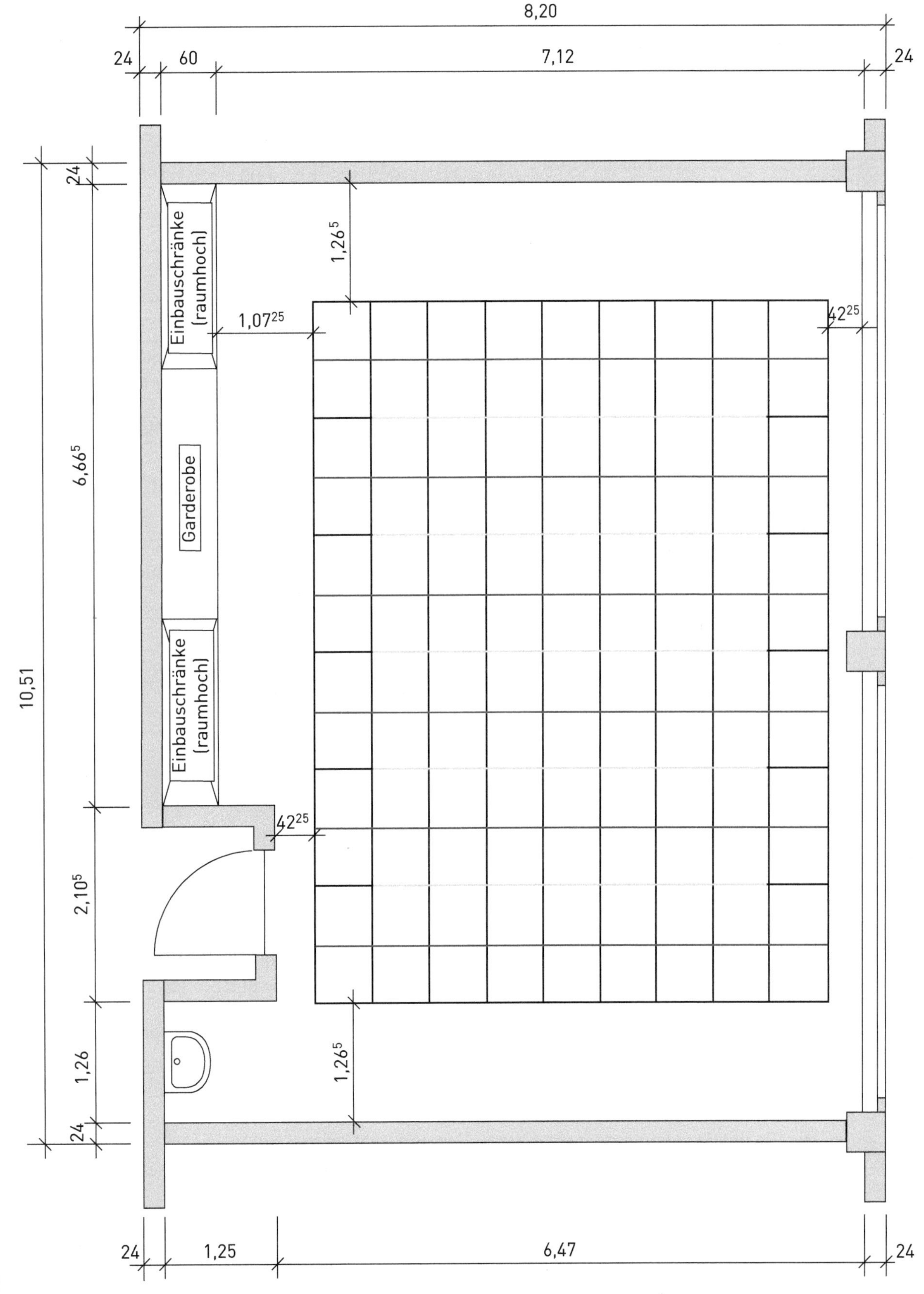

Name:	Benennung:	Seite: 268/4
Datum:	Verlegeplan	Maßstab: 1:33,3

5) Kostenberechnung (Kassettendecke):

Materialliste	Verbrauch pro m²	Verlust-faktor	Kosten € pro Liefereinheit	Größe der Liefereinheit	Materialkosten €/m²
Gipsplatte (Globe 625 x 625 mm, Kante A)	1,0	1,10	6,20	0,391 m²	17,44
Hauptprofil T15 (15 x 3750 x 38 mm, Kante A)	0,8	1,10	11,90	3,75 m	2,79
Querprofil T15 (15 x 1250 x 38 mm, Kante A)	1,6	1,10	3,70	1,25 m	5,21
Querprofil T15 (15 x 625 x 38 mm, Kante A)	0,8	1,10	1,90	0,625 m	2,68
Randwinkel (22 x 3050 x 22 mm)	0,4	1,10	4,90	3,05 m	0,71
Schnellabhänger für T-Profil mit Ösendraht (100/300)	2,0	1,10	1,00	1 Stück	2,20
Deckennägel/Dübelverankerung für Abhänger	2,0	1,10	0,225	1 Stück	0,50
1. Summe der Materialkosten					**31,53 €/m²**

	Summe der Zeitaufwandswerte h/m²	Vollkosten-stundensatz €/h	
Kassettendecke	0,92		
2. Vollkosten	0,92	59,20	**54,46 €/m²**

3. Einheitspreis = Materialkosten + Vollkosten	**85,99 €/m²**

	Einheitspreis €/m²	Aufmaßfläche m²	
4. Nettosumme	85,99	42,19	**3.627,92 €**

19 % Mehrwertsteuer	**689,30 €**
5. Bruttosumme = Nettosumme + Mehrwertsteuerbetrag	**4.317,22 €**

6) Herstellung der Kassettendecke:
- Die Lage der L-Randwinkel auf dem Fries unter Berücksichtigung der gewünschten Deckenhöhe einmessen und anzeichnen (UK 3,52 m).
- L-Randwinkel am fugenlosen Randfries befestigen (nach innen gerichtete Ecken auf Gehrung zuschneiden, gegebenenfalls auch Verwendung einer Inneneckkappe für Randwinkel).
- Einteilung der Hauptprofile (das erste Tragprofil max. 625 mm von der Wand anbringen, die übrigen jeweils im Abstand von max. 1250 mm).
- Markierung der Abhänger für Hauptprofile unter Berücksichtigung der maximal zulässigen Abstände (der erste Abhänger ist max. 400 mm von der Wand anzubringen, die übrigen jeweils in Abständen mit max. 1200 mm).
- Montage der Abhänger (Oberteile, z. B. Ösendraht) an der Rohdecke mit geeigneten Befestigungsmitteln.
- Einhängen/Montieren der Haupttragprofile (diese sind parallel zueinander anzubringen und werden in Längsrichtung zusammengesetzt. Profile gegebenenfalls mittels Blechschere, Eisen- oder Kappsäge (Spezialsägeblatt) zuschneiden).
- Querprofile mit den Haupttragprofilen verbinden und arretieren.
- Nach abgeschlossener Montage das gesamte Tragsystem auf Rechtwinkligkeit überprüfen. Die Abhänger so justieren, dass sie „stramm" sitzen und die Deckenfläche eben ist.
- Gipsplattenkassetten durch Verkanten der Platten durch die Unterkonstruktion hindurchführen und in die T-Profile einlegen (beim Umgang mit Deckenelementen empfiehlt sich das Tragen sauberer Baumwollhandschuhe, um Verschmutzungen zu vermeiden). Um eine Verschiebung der Platten zu vermeiden, werden im Wandbereich (Randwinkel) Wandfedern angeordnet.

Lernfeld 14: Erstellen einer Drahtputzkonstruktion

Aufgaben Seite 272

1) Bei Drahtputzkonstruktionen ist kein ausreichend tragfähiger Untergrund zur Befestigung eines Putzträgers vorhanden.
Bei Putzsystemen ist ein ausreichend tragfähiger Untergrund zur Befestigung eines Putzträgers vorhanden.

2) Auf den Maurermeister Carl Rabitz aus Berlin, welcher als Erster einheitliche, verbindliche Angaben über Materialien und Abmessungen sowie Konstruktionsbeispiele veröffentlicht hat.

3) Drahtputzkonstruktionen wurden durch Trockenbaukonstruktionen weitgehend abgelöst.

4. Bei Aussparungen < 30 cm (bei entsprechendem Putzträger < 50 cm) wird auf eine stützende Verstärkung hinter dem Putzträger verzichtet, während bei allen anderen Aussparungen die stützende Verstärkung konstruktiv notwendig ist.

5a) Kontrolle und Aufnahme der Maße der Installation, Stütze oder des Pfeilers. Anzeichnen der fertigen Oberfläche unter Berücksichtigung von Putzdicke, Putzträgerstärke, Durchmesser der Stahlstäbe auf den flankierenden Wandseiten. Anzeichnen der Tragbügel auf den flankierenden Wänden. Berechnung der Stablänge nach der Tabelle im Fachbuch, Seite 272, „Berechnung der Stablänge“. Bohren der Löcher in den flankierenden Wänden zur Aufnahme der Bügel. Einschlagen der Bügel (Bügel ist zweiteilig) und Verbindung der Bügelteile mit Bindedraht. Befestigen des Putzträgers auf der Konstruktion mit Bindedraht. Entweder den Putzträger auf die flankierenden Wände ziehen (bei unverputzter Wand) und ausreichend mechanisch befestigen oder den Putzträger im Inneneck anstoßen lassen (dann nach dem Verputzen einen Kellenschnitt ausführen oder vor dem Verputzen eine Abschlussschiene für eine Dehnfuge setzen).
Auf der Außenecke einen Putzeckwinkel setzen und anschließend verputzen.

5b) Damit die Enden in den Untergrund eingeschlagen werden können.

Aufgaben Seite 279

1) Echte Gewölbe sind Konstruktionen, welche Lasten tragen und ableiten können, während unechte Gewölbe auf eine tragende Wand- und Deckenkonstruktion angewiesen sind.
Bei echten Gewölben besteht die Konstruktion aus Steinen oder Balken mit Bretterverschalung.
Diese kann dann verputzt werden.

2) Geschlossene Gewölbe, zum Beispiel Klostergewölbe.
Halboffene Gewölbe, zum Beispiel Tonnengewölbe.
Offene Gewölbe, zum Beispiel Kreuzgewölbe.

3) Ein Tonnengewölbe hat zwei geschlossene Seiten und zwei offene Seiten. Der Schildbogen geht von der einen offenen Seite zur anderen offenen Seite gerade durch den Raum. Die Konstruktion ist im Aufbau und der Ausführung leichter durchzuführen als in einem Kreuzgewölbe. Dieses ist an allen Seiten offen und der Schildbogen muss je nach Anzahl der unterschiedlichen Längen im Raum (quadratischer, rechteckiger oder mehreckiger Raum) zeichnerisch verzogen und die entsprechende Anzahl von Lehrbögen dazu gebaut werden.

Aufgaben Seite 279

4) Kämpferlinie: Ist der Übergang der geraden Seitenwand in den Bogen. Gilt als Grundlinie im Gewölbe.
Scheitellinie: Ist die Linie zwischen den höchsten Punkten der Schildbögen.
Stichhöhe: Ist der kürzeste Abstand zwischen der Grundlinie (Kämpfer) und der Scheitellinie.
Schildbogen: Ist die gegebene Bogenform an den Stirnseiten.
Gewölbewangen: Sind die gebogenen Gewölbeseiten links und rechts der Scheitellinie.

5) Die wichtigsten Formen sind Rundbogen, Spitzbogen, Segmentbogen und Korbbogen.

6) Der Lehrbogen ist sehr wichtig, da er die fertige Oberfläche festlegt. Mit dem Lehrbogen können die Bügel leichter und genauer gebogen werden. Die Montage der Tragbügel ist schneller, einfacher und genauer möglich.

7) Der Lehrbogen, der die fertige Oberfläche darstellt.
Die Tragbügel.
Wenn konstruktiv vorhanden, auch die Überlegstangen.

8) Die Befestigung überträgt die auftretende Last auf den tragenden Untergrund.
Die Abhängung überträgt die auftretende Last von der Unterkonstruktion auf die Befestigung.
Eventuell: Die Überlegstange stabilisiert die Tragbügel und überträgt die auftretende Last auf die Abhänger.
Die Tragbügel geben die Rundung, nehmen den Putzträger auf und übertragen die auftretende Last entweder auf die Abhänger oder die Überlegstangen.
Der Putzträger ist der tragfähige Untergrund für die Putzschicht. Er überträgt die auftretende Last auf die Tragbügel.
Die Putzschicht ist für die zusätzliche Stabilität der Konstruktion und Schließung der Unterkonstruktion für eine einheitliche Deckenansicht verantwortlich.

9) Damit der Lastabtrag im rechten Winkel zum Bogen stattfindet. Dies ist der kürzeste Weg und die Konstruktion kann sich unter Lasteinwirkung nur unwesentlich verschieben.

10) Nach dem Anzeichnen des Tragbügelendes wird bei festem Untergrund ein Loch mit dem Durchmesser des Stahlstabes 5...10 cm tief gebohrt. Ist der Bohrstaub aus dem Bohrloch ausgeblasen worden, wird der Tragbügel oder ein kürzerer gebogener Verbindungsstab bis zum Anschlag in den Untergrund eingeschlagen. Bei weichen Untergründen wird ein größeres Loch gebohrt und nach dem Ausblasen der Tragbügel oder Verbindungsstab mit einem Spezialkleber eingeklebt.

11) Nach dem Erhärten der Pariser Leisten werden die Putzfelder zwischen den Pariser Leisten so ausgespritzt, dass der Putzträger vollflächig geschlossen ist. Mit einer Traufel werden eventuelle Unebenheiten egalisiert und das Material zusätzlich noch einmal in den Putzträger gedrückt. Nach dem Anziehen des Materials werden die einzelnen Putzfelder feucht-in-feucht ausgespritzt und anschließend mit etwa 1 mm Überstand zur Pariser Leiste abgezogen. Hat das Material wieder angezogen, wird mit Trapezlatte und Traufel die Oberfläche auf das Maß der Pariser Leisten gekratzt. Dabei dürfen keine Fehlstellen mehr übrig bleiben. Nach dem Abbinden kann die Fläche mit entsprechendem Material geglättet oder auf die gekratzte Oberfläche, nach entsprechender Vorbehandlung, ein Oberputz aufgebracht werden.

Aufgaben Seite 280

1) Rippenstreckmetall, Drahtziegelgewebe und Drahtgittergewebe Stucanet sind die wichtigsten Putzträger für unechte Gewölbe.

2) Für zwei-dimensionale Wölbungen sind alle drei Putzträger sehr gut geeignet.
Der gängigste Putzträger ist das Rippenstreckmetall, welches durch seine größeren Hauptrippen richtig montiert eine zusätzliche Aussteifung der Konstruktion bewirkt, weshalb in den meisten Fällen auf eine Überlegstange verzichtet werden kann. Ein Nachteil ist, dass es kein Wasser aufnehmen kann und Maschinenmörtel deshalb sehr langsam abbinden.
Stucanet ist für den einlagigen Mörtel entwickelt worden und hat durch seine Pappeinlage die Fähigkeit Wasser aufzunehmen. Dies ermöglicht dem Mörtel schneller abzubinden. Der Nachteil ist, dass es nicht so stabil wie Rippenstreckmetall ist und die Konstruktionen Überlegstangen brauchen. Außerdem ist die Montage umständlicher als bei Rippenstreckmetall und Drahtziegelgewebe.
Drahtziegelgewebe ist der einzige Putzträger, welcher sich einfach drei-dimensional biegen lässt.
Die Stabilität ist in jeder Richtung gleich, dadurch entfällt eine Montagerichtung. Durch den Ziegelanteil hat er eine sehr gute Wasseraufnahme und die Mörtel binden zügig ab. Der Nachteil der hohen Biegefähigkeit sind die geringen Stützweiten der Tragbügel.

3) Gips- oder Kalkputze sind biegeweicher als Zementputze und können auftretende Spannungen besser aufnehmen. Dadurch ist die Rissgefahr bei Gips- oder Kalkputzen deutlich geringer als bei Zementputzen.

4) Putzträgerdicke plus etwa 2 cm auf der Rückseite des Putzträgers, plus Mindestputzdicke je nach Putzträger plus etwa 1 cm Maßtoleranz.

Aufgaben Seite 282

Projektaufgabe

1)
- Vergatterung auf entsprechenden Montageboden aufzeichnen.
- Nägel entlang der Außenkante des Bogens setzen, dabei beidseitig der Kämpferlinie und in der Mitte des Bogens etwa 10 cm keinen Nagel setzen.
- Spalierlatte vorsichtig, beginnend in der Mitte des Bogens, gegen die Nägel drücken und versetzt zu den Außennägeln Nägel setzen, dabei wieder beidseitig der Kämpferlinie und in der Mitte des Bogens etwa 10 cm frei lassen.
- Grundbrett (Kämpferbrett) genau einmessen, zuschneiden, einpassen und Spalierlatte daran befestigen.
- Speiche auf der Gewölbeachse bis zum Kämpferbrett einmessen, ablängen und an der Spalierlatte befestigen.
- Speichen mit in einem Abstand von etwa 60 cm entlang des Bogens etwa radial zum Kämpferbrett einmessen, ablängen, einpassen und an der Spalierlatte befestigen.
- Brett als Lasche so ablängen, dass alle Speichen gut am Kämpferbrett befestigt werden können; Lasche mittig auf die Anschlussfuge der Speichen legen und auf dem Kämpferbrett und den Speichen befestigen.
- zwei Diagonallatten (links und rechts) von der Mittelspeiche auf das Kämpferbrett einmessen, ablängen, auflegen und an allen Kreuzungspunkten befestigen.
- Gewölbeachse auf der Vorder- und Rückseite anzeichnen.

2)
- Abstandhalter (je nach Putzträger 2,5...7 cm dick) auf dem Lehrbogen über den Speichen mit Draht fixieren.
- Tragbügellänge auf dem ungehärteten Stahlstab abmessen und ablängen.
- Bogenform durch Klopfen mit einem Hammer über einem geöffneten Schraubstock oder einem querliegenden Stück Doppel-T-Stahlträger herstellen.
- Tragbügel auf dem Lehrbogen mit Draht etwa 4...5-mal fixieren.
- Lehrbogen auf den Kämpferlatten an der Wand aufsetzen und an der eingemessenen Stelle achsen-, flucht- und lotrecht ausrichten.
- Abhänger oder Überlegstange mit Bindedraht am Tragbügel befestigen.
- Enden mit Bindedraht an der Diagonalstange befestigen.

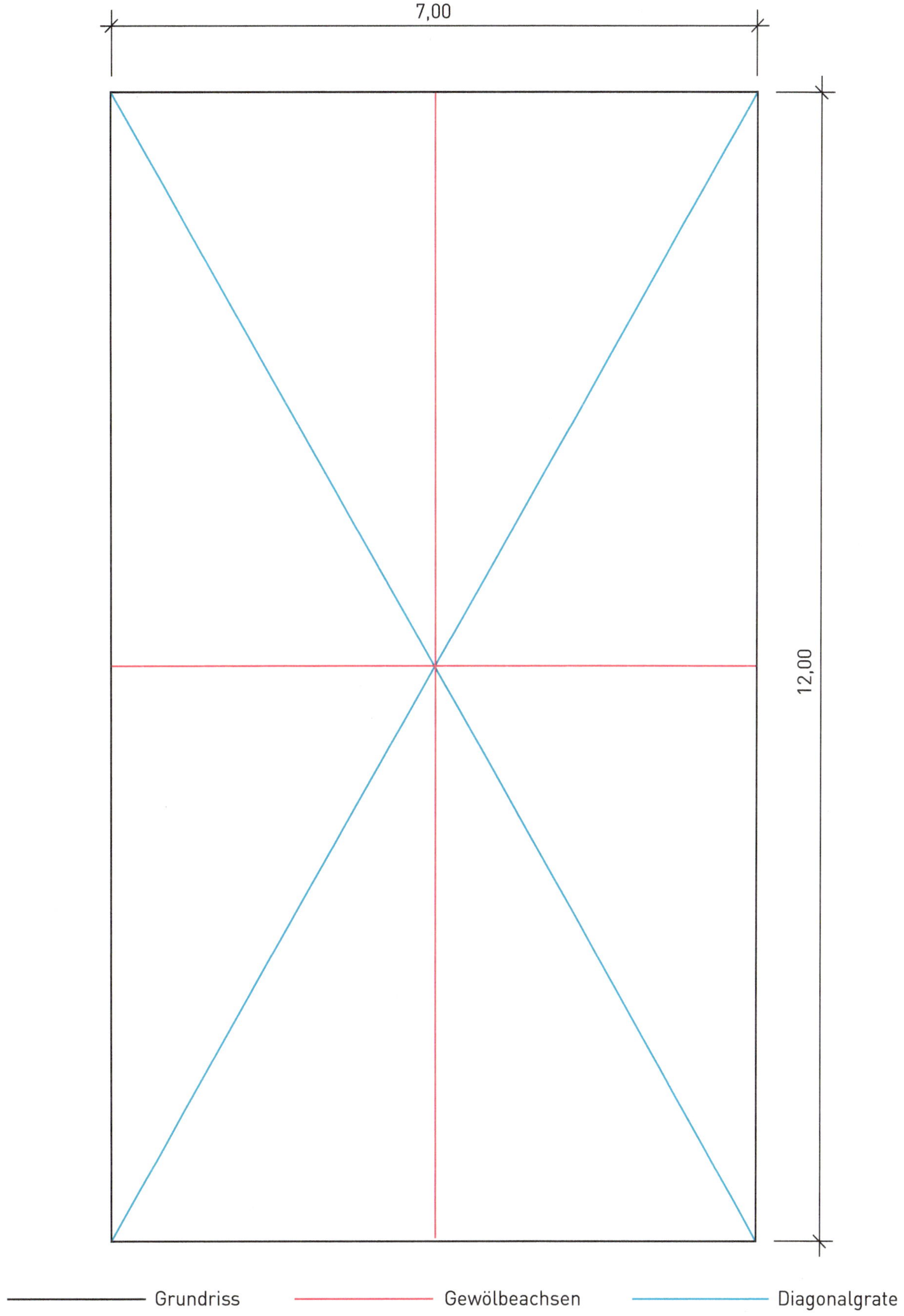

Name:	Benennung:	Seite: 282/3
Datum:	Raumgrundriss, Kreuzgewölbe	Maßstab: 1:50

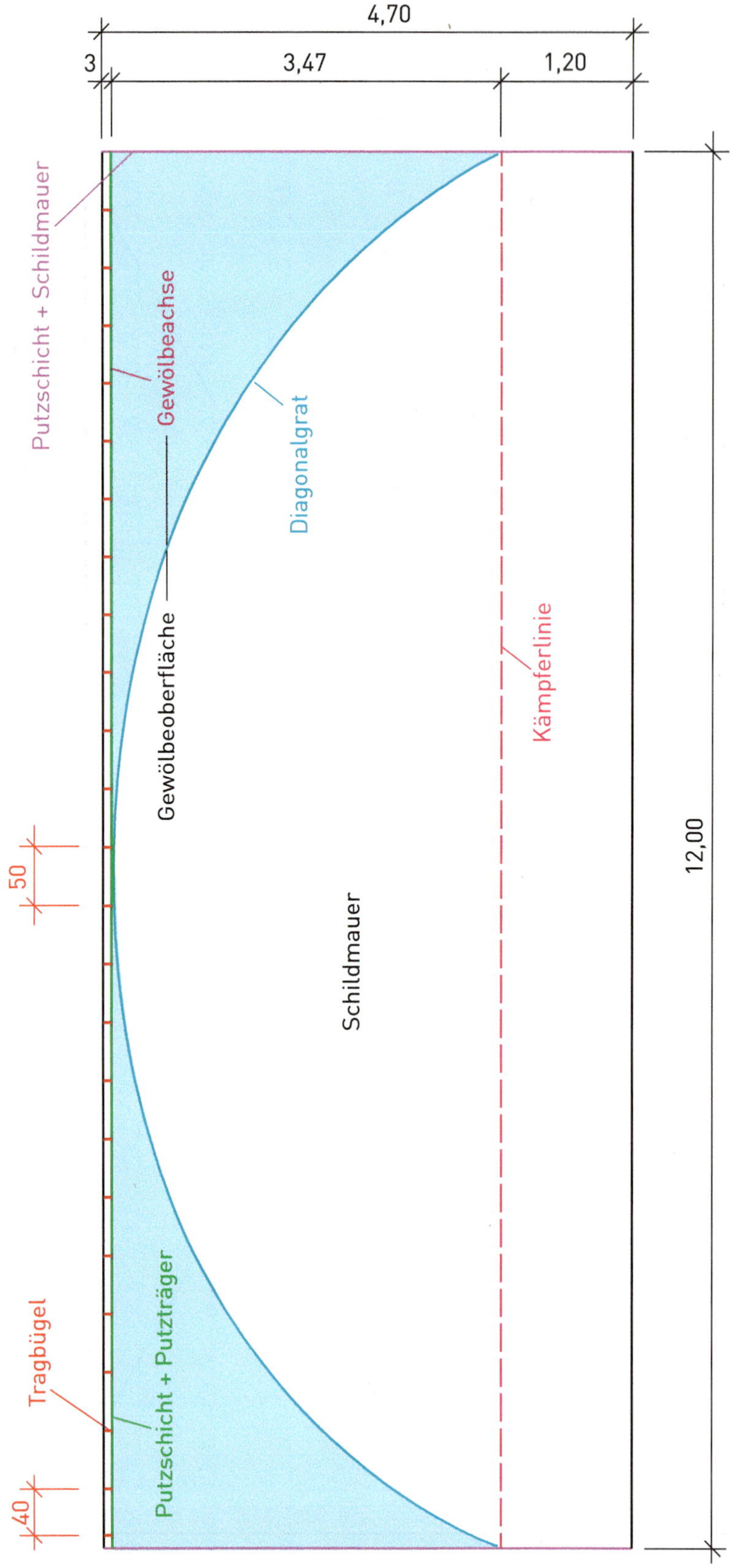

Name:	Benennung:	Seite: 282/4
Datum:	Längsschnitt	Maßstab:

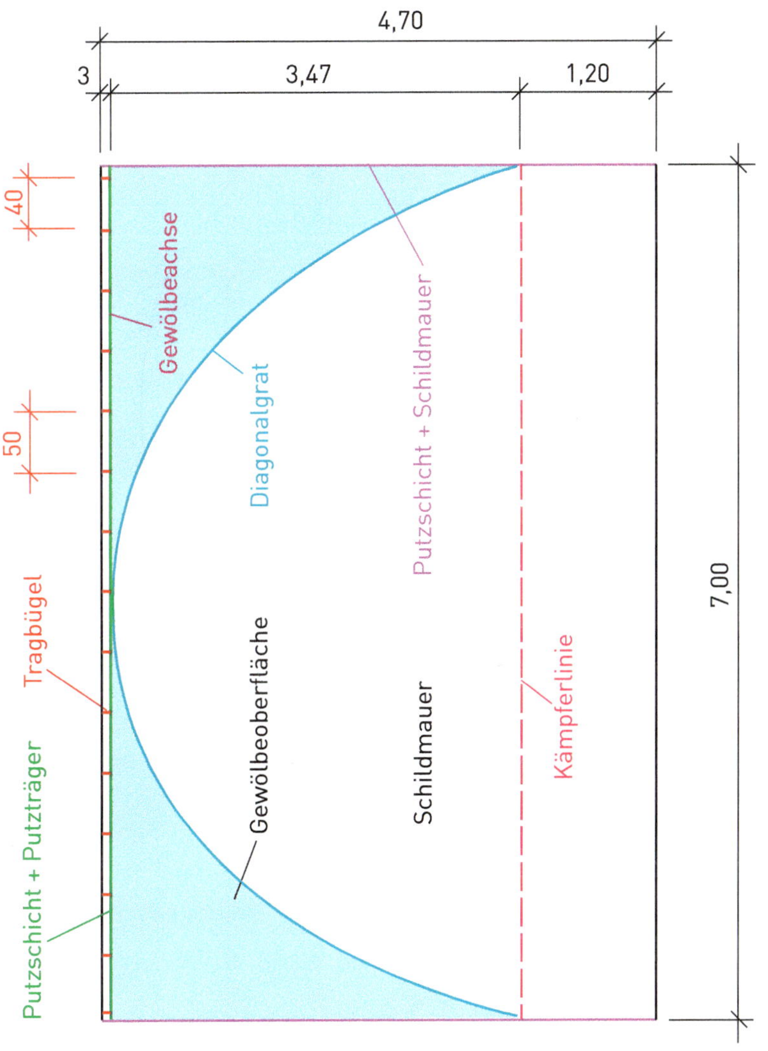

Name:	Benennung:	Seite: 282/4
Datum:	Querschnitt	Maßstab:

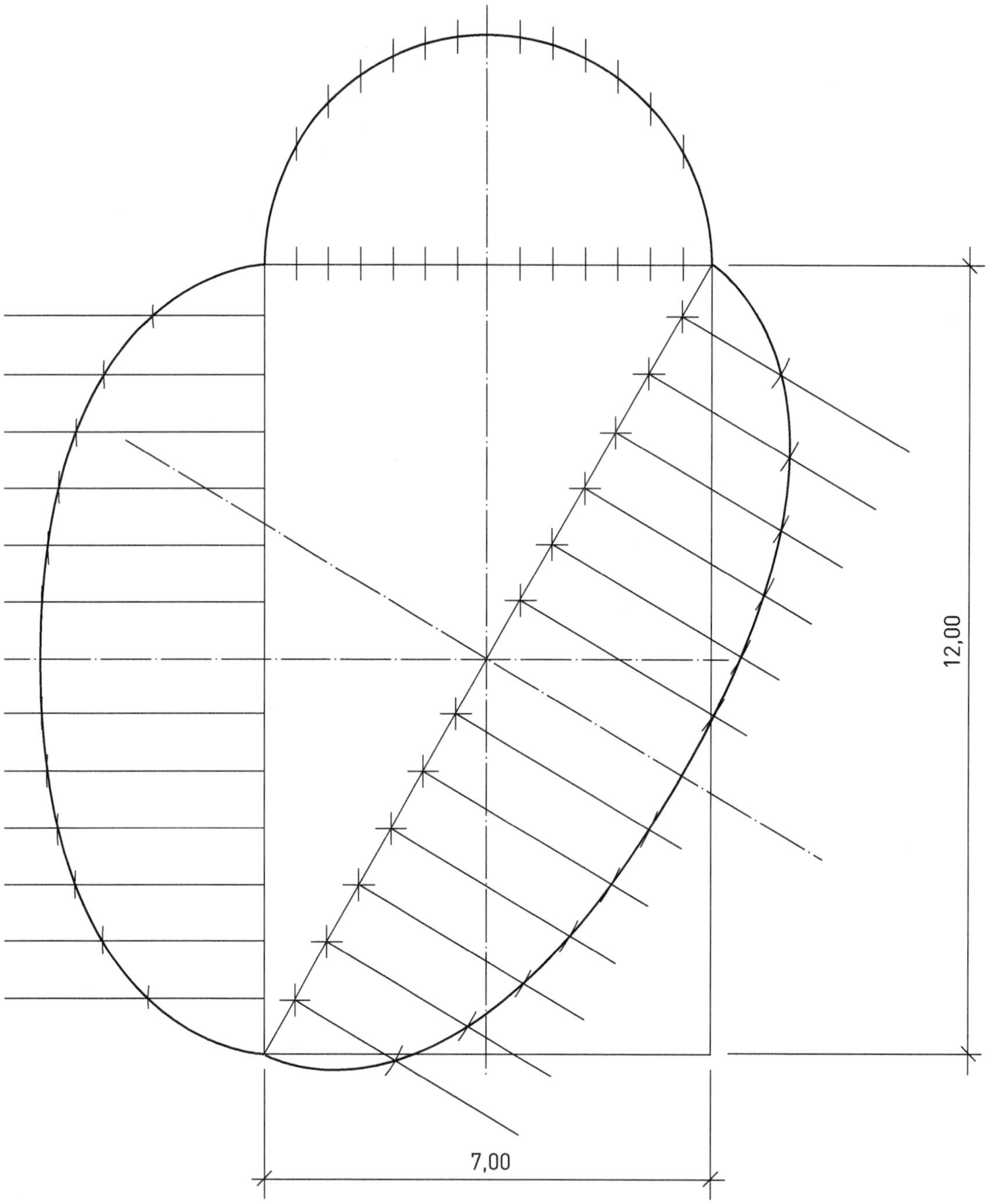

Name:	Benennung:	Seite: 282/5
Datum:	Vergatterung	Maßstab: 1:100

6) 1. Dübel je nach Untergrund
2. Stahldraht, ungehärtet, 3 mm stark als Abhängedraht
3. Rundstahl, ungehärtet, 12 mm stark als Tragbügel
4. Putzträger Rippenstreckmetall, quer zum Tragbügel eingebaut
5. Stahldraht, ungehärtet, 0,6 mm stark als Bindedraht
6. Stuckgips zur Herstellung der Pariser Leiste
7. Maschinenputzgips zur Herstellung der Putzschicht
8. Gipsputzglätte zum Glätten der Oberfläche

7 a) Mörtelbedarf:
$V = 220\ \text{m}^2 \cdot 0{,}03\ \text{m} = \underline{6{,}6\ \text{m}^3}$

Gesamtmörtelbedarf:
$V_{\text{gesamt}} = 6{,}6\ \text{m}^3 \cdot 1{,}02 = \underline{6{,}732\ \text{m}^3} = \underline{6732\ \text{l}}$

7 b) Mörtelbedarf:
$V = 220\ \text{m}^2 \cdot 0{,}05\ \text{m} = \underline{11\ \text{m}^3}$

Gesamtmörtelbedarf:
$V_{\text{gesamt}} = 11\ \text{m}^3 \cdot 1{,}02 = \underline{11{,}22\ \text{m}^3} = \underline{11\,220\ \text{l}}$

Lernfeld 15: Sanieren eines Bauteils

1) – Sanierung: Beseitigung von Schäden und Wiederherstellung des ursprünglichen Zustandes von Gebäuden oder Bauteilen
– Modernisierung: zusätzlich Anpassung an aktuelle Anforderungen und Stand der Technik

2) – Alterung oder Verwitterung des Putzsystems, seiner Bestandteile oder des betroffenen Bauteils
– Beschädigung des Putzsystems, des Bauteils oder des Gebäudes durch äußere Einflüsse
– fehlerhafte Planung oder Ausführung der Gebäude- oder Bauteilkonstruktion
– Qualitätsmängel bei den verwendeten Baustoffen
– Fehler bei der handwerklichen Ausführung des Putzsystems

3) – wenn technische Funktion und Aufgabe eines Putzsystems nicht beeinträchtigt sind, z. B. bei Verschmutzungen oder feinsten Haarrissen des Oberputzes, die keine weiteren negativen Folgen verursachen

4) – durch Alterung oder Verwitterung und Bindemittelauswaschung
– durch falsche Materialwahl für die vorgesehene Verwendung, z. B. bei nicht frostbeständigem Außenputz
– durch handwerkliche Fehler bei der Ausführung, z. B. Verwendung von zu wenig Anmachwasser, bei stark saugendem Untergrund keine Vorbehandlung, Putzarbeiten bei hohen Temperaturen, direkter Sonneneinstrahlung oder bei Frost, Baustellenmörtel mit zu geringem Bindemittelanteil

5) – Putzarbeiten ohne Vorbehandlung eines mangelhaften Untergrundes, z. B. zu glatter oder schwach saugender Untergrund ohne Verwendung einer Haftbrücke, verschmutzter Untergrund ohne Reinigung, stark saugender Untergrund ohne Aufbrennsperre, feuchter Untergrund ohne Wartezeiten bis zur Trocknung

6) – Zug- und Scherspannungen aufgrund von Verformungen, Volumen- oder Längenänderungen im Untergrund, im Putzsystem selbst, z. B. durch Schwindvorgänge beim Abbinden, oder durch nicht abgestimmtes Festigkeitsgefälle der Putzlagen oder aber aufgrund von Einwirkungen von außen, z. B. durch Erschütterungen, Setzungen im Baugrund oder Längenänderungen aufgrund starker Temperaturschwankungen

7) – feuchtigkeitsempfindliche Bauteile oder Baustoffe, z. B. Gips oder Holz, können zerstört werden
– bei Frost gefrierendes Wasser kann durch Volumenvergrößerung das Baustoffgefüge sprengen
– durch Feuchtigkeit können chemische Reaktionen mit Bindemitteln von Mörteln oder Mauersteinen hervorgerufen werden, die zu Ausblühungen bauschädlicher Salze mit Sprengdruck, Gefügezerstörung oder Abplatzungen führen können
– durchfeuchtete Bauteile weisen eine schlechtere Wärmedämmung auf als trockene

8) – In Wasser gelöste Salze können durch Kapillarität im Baustoffgefüge an die Oberfläche des Bauteils, z. B. den Sockel einer Kelleraußenwand, weitergeleitet werden. Dort verdunstet das Wasser und die Salze beginnen zu kristallisieren. Dabei vergrößern sie ihr Volumen und verursachen Gefügezerstörung oder Abplatzungen von Putz- und Anstrichschichten

Aufgaben Seite 291

1) – Veränderungen von Lage, Form, Volumen oder Länge des verputzten Bauteils können zu Zugspannungen im Putzsystem führen, z. B. bei Durchbiegung von Decken oder Unterzügen, bei Fundamentsetzungen, bei Erschütterungen durch Bauarbeiten oder Erdbeben, bei starken Feuchtigkeits- oder Temperatureinflüssen, zu kurzen Bau-, Warte- oder Trocknungszeiten

2) – Unterschiedliche Baustoffe mit unterschiedlichem Feuchte- und Temperaturverhalten verursachen unterschiedliche Volumen- und Längenänderungen. Damit ändert sich auch die Breite der Fugen am Materialwechsel. Abhängig vom Ausmaß der Breitenänderung, führt dies zu Zugspannungen und Rissbildungen im Putzsystem

3) – Putzmörtel mit zu hohem Wasseranteil: Putzschicht haftet schlecht, sackt ab und schwindet stark beim Erhärten
– Putzmörtel zu dick aufgetragen: Putzschicht haftet schlecht, sackt ab
– Putzauftrag bei großer Hitze oder Sonneneinstrahlung: Putzmörtel verdurstet und schwindet stark
– Putzoberfläche zu lang geglättet, Bindemittelanreicherung, Sinterschicht mit Schwindrissen
– fehlende Putzbewehrung oder Armierungsputz bei spannungsreichen Untergründen oder Dünnlagenputzen
– Oberputz oder Putzsystem mit zu hoher Festigkeit auf weichem, wärmedämmendem Untergrund

4) – Schwindrisse: Volumenverringerung mit Zugspannungen bei Erhärtung und Trocknung des Putzmörtels; Ursache: Bindemittelanreicherung, zu hoher Wasseranteil im Frischmörtel oder zu schneller Erhärtungsverlauf
– Fugenrisse: Rissbild folgt dem Verlauf von Untergrundfugen von Mauerwerk oder Bauplatten; Ursache: zu große Fugenbreite oder Breitenänderungen, die der Putzmörtel nicht überbrücken kann; fehlende Putzbewehrung oder fehlender Putzträger

Aufgaben Seite 294

1) – Glasvlies: zweilagige Trennlage zur Entkoppelung des Neuputzes von Untergrundverformungen der Risszone
– Putzträger: durch Untergrundverankerung seitlich des Risses tragfähige Überbrückung der Risszone für Neuputz

2) – Neuputzsystem mit bis zum Putzuntergrund durchgehender Anschlussfuge an das Altputzsystem bewirkt bis zum Untergrund durchgehende Schwindrisse; Abtreppung bewirkt Überarbeitung der Anschlussfuge des neuen Unterputzes zum bestehenden Unterputz durch nachfolgenden Oberputz, Überarbeitung der Anschlussfuge des Oberputzes durch füllenden Fassadenanstrich

3) – Struktur und Farbton des Neuputzes im Rissbereich schwer an benachbarten Altputz anpassbar; Überarbeitung ganzflächig ermöglicht einheitliche Gestaltung

4) – Aufgabe ist Entkoppelung des neuen ganzflächigen Oberputzes sowie möglichst rissfreie Überbrückung des spannungsreichen Untergrundes durch hohe Elastizität; zusätzliche Haftbrücke für neuen Oberputz sowie zusätzlicher Wetterschutz

5) – Aufnahme der entstehenden Zug- und Scherspannungen aus Untergrund und äußeren Einflüssen, Übertragung und großflächige rissfreie Verteilung der Kräfte auf Armierungsputz und durch Haftung auf bestehendem Altputz

1) – Saurer Regen enthält Säuren, z. B. Schwefelsäure. Durch Einwirkung auf Bindemittel Kalk der Baustoffe von Außenbauteilen erfolgt Umwandlung in wasserlöslichen Gips, der durch Schlagregen ausgewaschen wird
– Fehlendes Bindemittel bedeutet Schwächung und Zerstörung des Putzgefüges, also Verlust der Festigkeit und Wetterbeständigkeit mit Absanden als Folge

2) – Bodenfeuchtigkeit mit darin gelösten bauschädlichen Salzen wird durch Kapillarität der Baustoffe der nicht abgedichteten Kellerwände nach oben transportiert (aufsteigende Feuchtigkeit). Im Sockelbereich beginnt die Wasserverdunstung, sodass die Salze unter Volumenzunahme auskristallisieren. Der entstehende Sprengdruck zerstört das Gefüge von Sockel und Sockelputz und führt zu Abplatzungen von Beschichtungen und Belägen.
– Aufnahme der auskristallisierenden bauschädlichen Salze ohne Sprengdruck, Abplatzungen oder Baustoffzerstörung; Erzeugung ausblühungsfreier und trockener Putzoberflächen

3) – nicht volldeckender Spritzbewurf: kapillar leitfähige Haftbrücke für Sanierputzsystem ohne Sperrwirkung
– Porengrundputz: bei starker Salz- und Feuchtigkeitsbelastung als zusätzlicher Salzspeicher, bei Untergrundunebenheiten als Ausgleichsputz
– Sanierputz: Aufnahme der auskristallisierenden Salze ohne Sprengdruck sowie Diffusion des entstandenen Wasserdampfs zur Putzoberfläche
– Oberputz: Sicherung der Wasserdampfdiffusion nach außen; Wetterschutz durch Hydrophobierung; Gestaltung durch Farbe und Struktur
– Schlussanstrich: Sicherung der Wasserdampfdiffusion nach außen; Wetterschutz durch Hydrophobierung; Gestaltung durch Farbe und Struktur

4) – bei relativ geringer Belastung durch Feuchtigkeit und bauschädliche Salze
– bei ausreichend ebenem Putzuntergrund

5) – weil Zementputze zu porenarm, fest und spröde sowie zu diffusionsdicht für die Wasserdampfverdunstung aus dem durchfeuchteten Bauteil sind

6) – hoher Anteil an Luftporen (> 40 %) zur Aufnahme der auskristallisierenden Salze
– Wasser abweisend hydrophobiert, damit Salzlösung aus dem Rohbauteil nicht kapillar bis an die Oberfläche transportiert werden kann, sondern nur bis in die Sanierputzschicht mit ihren Luftporen
– stark wasserdampfdurchlässig; der durch Verdunstung entstandene Wasserdampf muss nach außen diffundieren

7) – von der Größe der Feuchtigkeitsbelastung; je größer, desto kürzer die Lebensdauer
– von der Größe der Salzbelastung; je größer, desto kürzer die Lebensdauer

8) – Rechenweg jeweils für jeden Baustoff: Materialbedarf pro m² (bei Beschichtungen evtl. · Schichtdicke in mm/cm) · Fläche in m² · Verlustfaktor : Liefereinheit (m², m, kg, Paket); Ergebnis aufrunden auf ganze Zahl
– Spritzbewurf Sanierputz nicht volldeckend:
3,50 kg/m² · 125,0 m² · 1,08 : 30 kg/Sack = 15,75 Sack = 16 Sack
– Porengrundputz $d = 20$ mm:
1,15 kg/(m² · mm) · 20 · 125,0 m² · 1,08 : 30 kg/Sack = 103,5 Sack = 104 Sack
– Sanierputz $d = 2 \cdot 10$ mm:
1,0 kg/(m² · mm) · 20 · 125,0 m² · 1,08 : 25 kg/Sack = 108 Sack = 108 Sack
– Siliconharzputz Kratzputzstruktur:
1,90 kg/m² · 125,0 m² · 1,08 : 25 kg/Sack = 10,26 Sack = 11 Sack

1) – keine Beseitigung von Schäden oder technischen Mängeln, sondern nur Beseitigung optischer Mängel sowie kleinere Ausbesserungen oder Überarbeitung bzw. Neuanstrich zur gestalterischen Verbesserung

2) – bei abblätternden, unzureichend Wasser abweisenden oder optisch unbefriedigenden Altanstrichen des WDVS
– bestehende Oberputze, die nur an der Oberfläche absanden oder versprödet sind
– bestehende Oberputze mit Putzrissen, die nur in der Oberputzschicht vorliegen
– optisch unbefriedigende Oberputze (Farbe, Struktur)
– Voraussetzung sind ausreichende Haftung und Tragfähigkeit des bestehenden Oberputzes

3) – zusätzlich zur Sanierung bestehender Mängel oder Schäden des WDVS Anpassung an aktuelle technische und gestalterische Anforderungen
– Verlängerung der Nutzungsdauer des Gebäudes
– Verbesserung von Wärme- und Feuchteschutz
– Verminderung des Rissrisikos und Sanierung bestehender Rissbildungen
– Verbesserung der Standsicherheit des bestehenden WDVS
– Verminderung von Verschmutzung und Algenbefall
– gestalterische Verbesserung durch Struktur und Farbgebung

4) – bei Schäden im vorhandenen Putzsystem mit Armierungsputz und Deckschicht
– bei starken Rissbildungen oder Abplatzungen im Putzsystem
– bei Durchfeuchtung des Putzsystems bzw. der Dämmschicht
– bei Material- oder Verarbeitungsmängeln des Armierungsputzes bzw. des Bewehrungsgewebes

5) – Konstruktion und Materialien der Außenwand
– Tragfähigkeit und Haftverbund des Untergrundes
– Konstruktion, Materialien, Schichtenaufbau und -dicke des bestehenden WDVS
– Befestigungsart des WDVS, Zustand der Plattenbefestigungen, Klebeflächenanteil
– Standsicherheit des bestehenden Systems

6) – Gefahr der Hinterlüftung der Dämmplatten durch Außenluft
– Gefahr von Tauwasserbildung und Durchfeuchtung der Dämmschicht
– unzureichender Haftverbund und mangelhafte Standsicherheit des Gesamtsystems

7) – bei EPS-Systemen mit Dämmschichtdicken von insgesamt > 10 cm

8) – Rechenweg:
– Materialkosten jeweils für jeden Baustoff: Materialbedarf pro m^2 (bei Beschichtungen · Schichtdicke in mm/cm) · Verlustfaktor : Kosten pro Liefereinheit (m^2, m, kg, Paket); €-Ergebnis runden auf 2 Dezimalen
– Summe aller Materialkosten
– Vollkosten jeweils für jeden Baustoff: Zeitaufwand h/m^2 · Vollkostenstundensatz €/m^2; €-Ergebnis runden auf 2 Dezimalen
– Summe aller Vollkosten
– Summe als Materialkosten + Vollkosten = Angebotspreis/m^2
– Angebotspreis/m^2 · Fläche in m^2 = Angebotssumme
– Angebotssumme + 19 % Mehrwertsteuer = Bruttorechnungsbetrag

– Materialkosten:		
– Armierungsputz:	4,50 kg/m^2 · 1,07 · 16,65 €/Sack : 25 kg/Sack	= 3,21 €/m^2
– Armierungsgewebe:	1,10 m^2/m^2 · 1,07 · 66,00 €/m^2 : 55,00 m^2/Rolle	= 1,41 €/m^2
– Renovierputz Dispersions-Silikatputz Kratzputzstruktur:	2,20 kg/m^2 · 1,07 · 65,40 €/Eimer : 25 kg/Eimer	= 6,16 €/m^2
– Silicat-Grundanstrich:	0,20 l/m^2 · 1,07 · 72,80 €/Eimer : 10 l/Eimer	= 1,56 €/m^2
– Summe Materialkosten		= 12,34 €/m^2
– Vollkosten:		
– Armierungsputz mit Armierungsgewebe:	0,35 h/m^2 · 59,20 €/m^2	= 20,72 €/m^2
– Dispersions-Silikatputz:	0,25 h/m^2 · 59,20 €/m^2	= 14,80 €/m^2
– Silicat-Grundanstrich	0,05 h/m^2 · 59,20 €/m^2	= 2,96 €/m^2
– Summe Vollkosten		= 38,48 €/m^2
– Angebotspreis/m^2:	12,34 €/m^2 + 38,48 €/m^2	= 50,82 €/m^2
– Angebotssumme:	50,82 €/m^2 · 214,5 m^2	= 10.900,89 €
– Bruttorechnungsbetrag:	10.900,89 € · 1,19	= 12.972,06 €

Projektaufgabe:

Bei dieser Projektaufgabe soll der Schüler eigenständig Lösungen suchen.
Auf eine Vorgabe in Form eines Lösungsvorschlages wird deshalb verzichtet.

Lernfeld 16: Einbau eines Estrichs

Aufgaben Seite 310

1) Estriche werden nach Verlegeart, Konstruktion und Material unterschieden.

2) Durch die Druckfestigkeitsklasse C und die Biegezugfestigkeitsklasse F

3) Weitere Anforderungen können bezüglich Brandverhalten, Luft- und Trittschalldämmung, Wärmedämmung und chemische Beständigkeit gestellt werden.

4) Estrichfrischmörtel muss außerdem folgende Vorgaben erfüllen, die bei der Verarbeitung einzuhalten sind: pH-Wert, Verarbeitungszeit und Konsistenz.

5) Estrichmörtel müssen die angegebenen Konformitätskriterien der europäischen Norm erfüllen. Diese sind Brandverhalten, Freisetzung korrosiver Substanzen, Wasserdurchlässigkeit, Wasserdampfdurchlässigkeit, Druckfestigkeit, Biegezugfestigkeit und Verschleißwiderstand.

6)
- Vor der Ausführung ist mit der sogenannten Eingangsprüfung bei Lieferung der Estrichmörtel zu prüfen, ob die Angaben über Art, Festigkeitsklasse bzw. Härte, Brandverhalten usw. auf der Verpackung dem Lieferschein der Bestellung entsprechen.
- Mit der Erhärtungsprüfung können die Festigkeit des Estrichs und die Gebrauchstauglichkeit zu einem bestimmten Zeitpunkt bestimmt werden.
- Eine Bestätigungsprüfung dient dem Nachweis der Dicke oder der Festigkeit eingebauter Estriche und ist dann durchzuführen, wenn Zweifel an der Güte des Estrichs bestehen.

7) Die Festigkeitsklasse C45 – F6.

Aufgaben Seite 317

1)
- **Verbundestrich:** ist mit dem Untergrund fest verbunden, hat keine besonderen Anforderungen an Schall-, Wärme- und Feuchtigkeitsschutz, wird direkt als Bodenbelag benutzt.
- **Estrich auf Trennschicht:** beide Schichten können sich frei vom Untergrund bewegen, ein kraftschlüssiger Verbund ist unterbunden, Spannungen durch Temperaturschwankungen oder Ausdehnungen werden vermieden und die Gefahr von Rissen wird wesentlich verringert.
- **Estrich auf Dämmschicht:** der Estrich ist selbsttragend und wirkt lastverteilend, er verhindert die Trittschallübertragung, verbessert aber die Luftschall-/Wärmedämmung sowie den Brandschutz.

2) Der Untergrund muss glatt, sauber, eben sein, um ein Gleiten zu ermöglichen. Im Estrich müssen Bewegungs- und Randfugen ausgebildet werden.

3) Das Gefälle muss bereits in der Rohbaukonstruktion, bzw. mit der Dämmung ausgeführt sein, damit der Estrich in gleichmäßiger Dicke hergestellt werden kann. Werden die Räume mit Bodenabläufen versehen, sind Fließ- und konventionelle Estriche durch eine Abdichtung vor Feuchtigkeit zu schützen.

Aufgaben Seite 317

4) Bewegungsfugen: Aufnahme von Formänderung des Estrichs in allen Richtungen.
Scheinfugen: Sollbruchstellen, die nach dem Erhärten kraftschlüssig verschlossen werden.

5a) Der Randstreifen ist an allen aufgehenden Bauteilen über die Konstruktionshöhe des Fertigfußbodens hinauszuführen und er muss gegen Lageveränderung beim Einbringen des Estrichs gesichert sein.

5b) siehe Seite 313 Abb. „Estrich auf Dämmschicht“

Aufgaben Seite 320

1) a) **Calciumsulfatestrich:** Wohnungs-, Industrie-, Verwaltungs- und öffentlicher Bau, jedoch keine Räume mit hoher Feuchtigkeit wie Bäder oder Nassräume.
b) **Zementestrich:** universal einsetzbar, Wohnungs-, Industrie-, Verwaltungs- und öffentlicher Bau
c) **Gussasphaltestrich:** Bei Sanierungen oder kurzen Bauzeiten, kann in allen Gebäuden, bevorzugt bei Industrieböden und Parkhäusern, eingesetzt werden.

2) Wegen der hohen Temperatur und der Verwendung von gesundheitsschädigenden und feuergefährlichen Bestandteilen ist ein vorsichtiger Umgang beim Einbringen erforderlich.

3a) Ein Industrieboden ohne Feuchtigkeitsbeanspruchung wird in einer Verbundkonstruktion z.B. als Calciumsulfatestrich oder Gussasphaltestrich ausgeführt.

3b) Mit Feuchtigkeitsbeanspruchung kann dieselbe Konstruktion als Zement- oder Gussasphaltestrich ausgeführt werden.

4) Bei einer Wohnungssanierung empfiehlt sich ein Gussasphaltestrich, da er schnell erhärtet und damit eine kurze Bauzeit möglich ist.

Aufgaben Seite 324

1) Der Fließestrich hat gegenüber dem Mörtelestrich folgende Vorteile:
- der Zeitaufwand beim Einbau ist deutlich reduziert, damit ist er kostengünstiger,
- die körperliche Beanspruchung bei der Verarbeitung ist vereinfacht,
- eine bessere Verdichtung ist möglich,
- eine schnellere Erhärtung.

2) Eigenschaften eines Calciumsulfatestrichs:
- zwei Tage nach dem Einbau ist er begehbar und kann nach fünf Tagen geringfügig belastet werden.
- schnelle Erhärtung bis zur Belastbarkeit,
- es besteht keine Schwindgefahr,
- empfindlich gegenüber Feuchtigkeit.

Aufgaben Seite 324

3)
- Den Randstreifen mit Folie an der Wand anbringen.
- Die Dämmschicht Reihe um Reihe im Verband verlegen, beim Anschluss zur Wand Dämmung unter den Randstreifen schieben.
- Die Schrenzlage 10 cm überlappend ausrollen und am Wandanschluss ohne Überstand auf die Folie des Randstreifens legen.
- Die Nivellierböckchen aufstellen und ausrichten.
- Der Estrich darf bei der Verarbeitung kein Wasser absondern, deshalb ist das Fließmaß regelmäßig zu kontrollieren. Dies erfolgt mit der Konsistenzprüfdose.
- Das Vergießen erfolgt in Richtung der Überlappung.
- Der Fließestrich wird mit einer Schwabbelstange verteilt, verdichtet und geebnet.

4) Bei einem Fließestrich als Heizestrich müssen vor der Estrichverlegung die Heizrohre auf Dichtheit überprüft werden. Die Heizungsrohre müssen entsprechend der jeweiligen Bauart gegen Aufschwimmen befestigt werden.

5) Die Fertigfußbodenhöhe (ohne Belag) wird mit dem Nivellierböckchen vor der Estrichverlegung eingemessen, der Fließestrich wird dann auf diese Höhe mit der Schwabbelstange verteilt, verdichtet und geebnet.

6) Da das Haftvermögen zwischen dem Estrich und dem späteren Belag durch die Sinterschicht vermindert werden kann.

Aufgaben Seite 327

1)
- schnelle und einfache Fertigstellung
- sofort begehbar und mit Belägen versehbar
- keine Baufeuchtigkeit
- geringe Schichtdicke und geringe Masse
- ebene Oberfläche

2) von unten nach oben:
- Abdeckfolie
- Trockenschüttung
- Holweichfaserplatte
- Randstreifen
- Dämmschicht
- Trockenbauplatte

Aufgaben Seite 327

3)
- Aufmaß der Raummaße, OK FFB vom Meterriss aus anreißen
- Abdeckfolie auf Rohdecke verlegen, Stöße ≥ 30 cm überlappen und an Wandanschlüssen wannenartig bis FFB hochziehen
- Trockenschüttung 1 … 5 cm einbringen und auf Kanthölzern oder Niveaulehren eben abziehen
- Holzweichfaserplatte 6 … 8 mm im Verband verlegen, beginnend im Türbereich
- Randstreifen (MW, EPS) $d \geq 10$ mm an Wandanschlüssen und Durchdringungen umlaufend verlegen bis OK Verbundelement
- Verbundelemente im Verband verlegen, an den Stufenfalzen dicht stoßen, beginnend im Türbereich
- Stufenfalze verkleben, im Falzbereich zusätzlich mit Schnellbauschrauben im Abstand von 50 cm verschrauben oder klammern
- Plattenfugen und Schraubenköpfe verspachteln
- danach kann der Gehbelag aufgebracht werden
- Anschlussfugen sind elastisch zu verfugen oder mit einer Sockelleiste abzudecken

Aufgaben Seite 328

1) Sie werden zum Ausgleich von Unebenheiten verwendet. Mineralische Schüttungen verbessern gleichzeitig die Trittschalldämmung.

2) Es ist eine Abdichtung auf die Rohbodenkonstruktion aufzubringen.

Projektaufgaben

1)

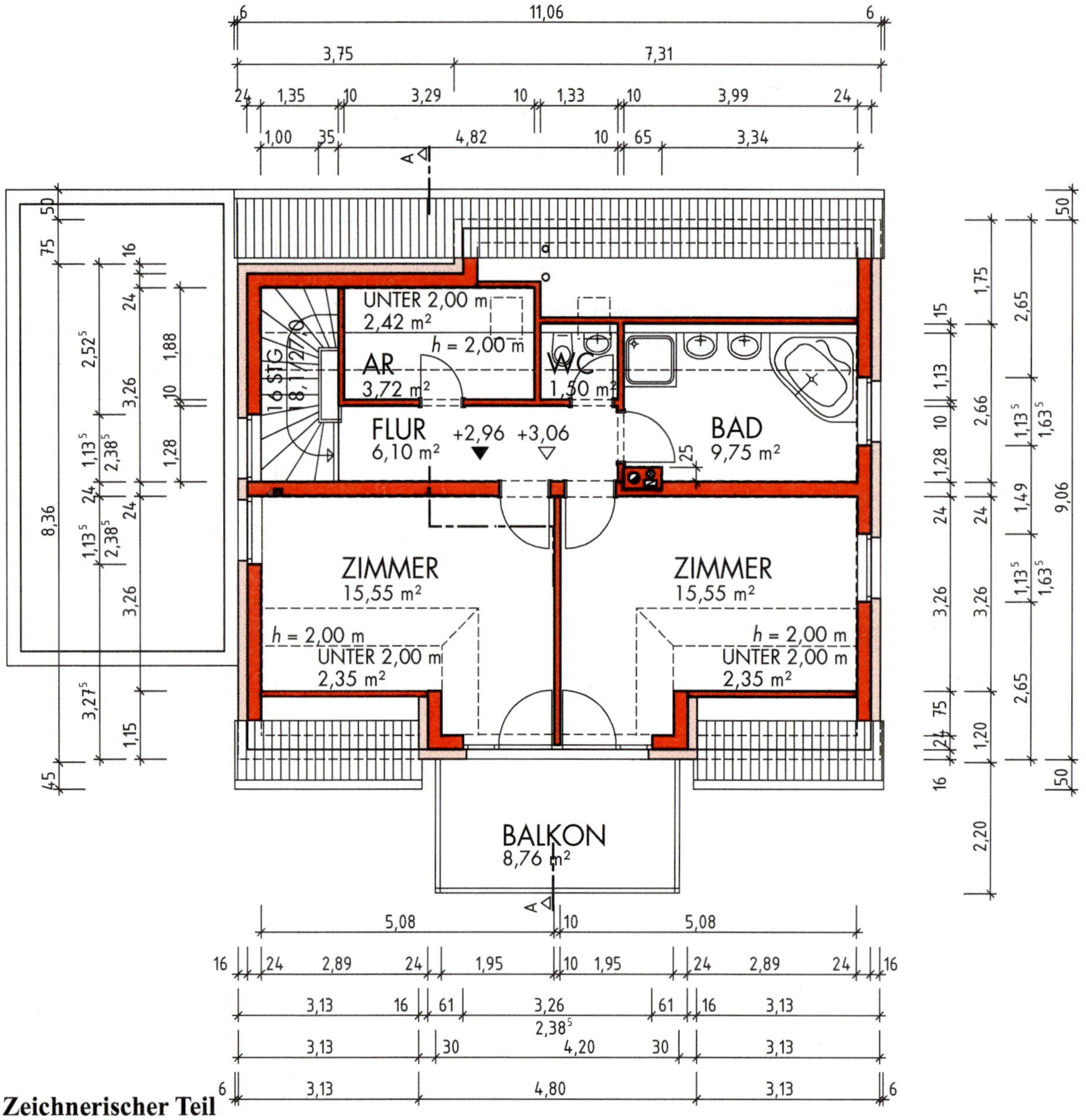

Zeichnerischer Teil

1 a) Grundriss Dachgeschoss Maßstab 1 : 50 (siehe Buchseite 330)

1 b) Detail Wandanschluss Fertigteilestrich auf Dämmschicht Maßstab 1 : 2

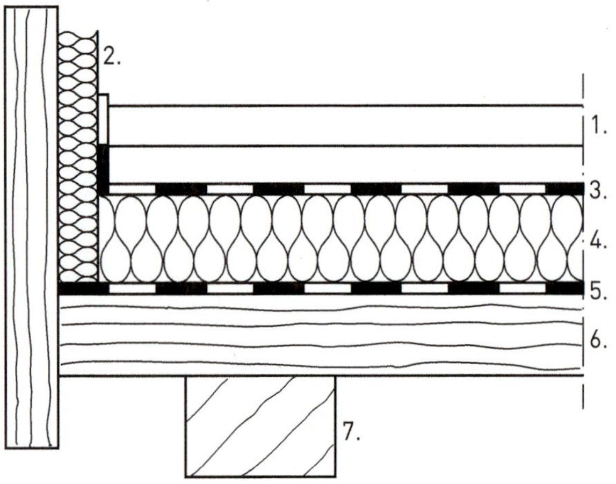

Aufbau von oben nach unten:

1. GF-Platten
   $d = 2 \cdot 10$ mm
2. Randstreifen $d = 10$ mm
3. Trennschicht
4. MW-Dämmschicht
   $d = 40$ mm
5. Schrenzlage als Rieselschutz
6. Holzspanplatte
7. Holzbalken

Technologischer Teil

1 c)
- 2-Lagen-GK-Platten, $d = 12,5$ mm, als Verbundelemente in Nut- und Federausführung hergestellt. Diese sind auf der Rückseite mit Polystyroldämmstoff als Trittschalldämmung kaschiert.
- Verbundelemente sparen Zeit durch die separate Verlegung von Platten und Dämmung.
- 2-Lagen-GK-Platten, $d = 12,5$ mm in Nut- und Federausführung auf Trittschalldämmung, separate Verlegung.
- Eine Alternative zu den mineralischen Platten sind Holzwerkstoffplatten: Spanplatten mit umlaufender Nut und Feder, zementgebundene Holzspanplatten und zementgebundene Sperrholzplatten, jeweils ein- oder mehrlagig verlegt.

1 d)
- Verlegung Trockenestrich auf Dämmschicht mit zusätzlicher Trockenschüttung und Randstreifen
- zusätzliche Ausführung von biegeweicher Deckenbekleidung, bestehend aus doppelter Beplankung, Federschienen oder Traglattung/Federbügel.

1 e)
- Decke säubern und auf Ebenheit prüfen
- Schrenzlage aus dampfdurchlässigem Bitumen- oder Natronkraftpapier auslegen und seitlich an Randfugen wannenartig hochziehen
- Randdämmstreifen (MW-Dämmschicht) umlaufend anbringen
- evtl. Höhe ausgleichen mit Trockenschüttung oder Ausgleichsestrich
- Trittschalldämmplatten (MW-Dämmschicht) im Verband verlegen
- Trennschicht auslegen
- GK-Verbundelemente im Verband verlegen
- Verkleben und Verschrauben der Stöße
- ausquellenden Kleber abstoßen
- Plattenstöße und Schraubköpfe verspachteln
- Abschätzung der Bauzeit: Individuelle Lösung

1 f) **Vorteile:**
- sofort begeh- und belegbar
- keine zusätzliche Baufeuchte

Nachteile
- geringe Belastbarkeit
- höhere Herstellkosten

1 g)
- Die Holzspanplatten, die als Unterboden verlegt wurden, müssen mit einer Feuchtigkeitssperre abgedichtet werden. Ebenso ist der angrenzende Wandbereich abzudichten. Dies geschieht mittels Übereckabdichtung.
- Die spätere Eckfuge zwischen Boden- und Wandfliesen ist mit einem Hinterfüllmaterial aus Schaumstoff und einem sichtbaren Fugenverschluss aus Silicon abzudichten.

Rechnerischer Teil

1 h) Aufmaßfläche in m² des Dachgeschosses für einen Fertigteilestrich

Pos. Nr.	Bezeichnung	Stück +	Stück –	Abmessungen Länge	Breite	Höhe	Messgehalt	Abzug	reiner Messgehalt
	Dachgeschoss			Einheit: m	Einheit: m		Einheit: m^2		Einheit: m^2
1	AR	1		3,29	1,88		6,19		
2	WC	1		1,33	1,13		1,50		
3	Bad	1		3,99	2,66		10,61		
4	Flur	1		4,82	1,28		6,17		
5	Zimmer	1		1,95	0,75		1,46		
		1		5,08	3,26		16,56		
6	Zimmer	1		1,95	0,75		1,46		
		1		5,08	3,26		16,56		
	Summe						60,51	0,00	**60,51**

1 i) Länge der Randstreifen im Meter

Pos. Nr.	Bezeichnung	Stück +	Stück –	Abmessungen Länge	Breite	Höhe	Messgehalt	Abzug	reiner Messgehalt
				Einheit: m			Einheit: m		Einheit: m
	AR	2		1,88					
		2		3,29			10,34		
	WC	2		1,33					
		2		1,13			4,92		
	Bad	2		3,99					
		2		2,66					
		1		0,25			13,55		
	Zimmer 1/2	1		3,26					
		1		3,13					
		1		0,75					
		1		1,95					
		1		4,25					
		1		5,08			18,42		
	Flur	2		4,82					
		2		1,28			12,20		
	Summe						59,43	0,00	**59,43**

1 j) Kostenberechnung Fertigteilestrich

Materialkostenberechnung (MK)	**Verbrauch**	**Verlust-faktor**	**Preis/Liefer-einheit**	**Größe/ Liefereinheit**	**Materialkosten gerundet**
Fertigteilestrichelemente GF-Platten, 20 mm 50 · 150 cm = 0,75 m²	1,0 m²/m²	1,07	11,75 €/Pl.	0,75 m²	16,76 €/m²
MW-Trittschalldämmplatten, CPS 125/60 cm = 0,75 m², *d* = 30 mm	1,0 m²/m²	1,07	3,90 €/Pl.	0,75 m²	5,56 €/m²
Perlit-Trockenschüttung *d* = 20 mm pro 1 mm =1,0 m²/m²	1,0 l/m² · mm · 20 mm = 20 l/m²	1,06	22,80 €/S.	100 l /S.	4,83 €/m²
Trennschicht/Schrenzlage	1,15 m²/m²	1,07	54,00 €/R.	100 m² /R.	0,66 €/m²
Schrenzlage Abdeckfolie *d* = 0,2 mm	1,15 m²/m²	1,07	54,00 €/R.	100 m² /R.	0,66 €/m²
Randstreifen MW	1,0 m/m²	1,07	1,40 €/St.	1,20 m²	1,25 €/m²
Kleber	0,10 kg/m²	1,06	9,75 €/K.	1,0 kg/K.	1,03 €/m²
Fugenspachtel	0,40 kg/m²	1,06	6,75 €/S.	5 kg/S.	0,57 €/m²
Summe Materialkosten (MK)					**31,32 €/m²**

	Vollkostenberechnung (VK) Beschreibung	**Zeitaufwand**	**Vollkostenstundensatz**	**Vollkosten**
	Einbau Fertigteilestrich-elemente einschließlich Randstreifen	0,45 h/m²	59,20 €/h	26,64 €/m²
	Trockenschüttung bis *d* = 20 mm	0,25 h/m²	59,20 €/h	14,80 €/m²
	Dämmplatten einbauen, Abdecken mit Folie	0,12 h/m	59,20 €/h	7,10 €/m²
Summe Vollkosten (VK)				**48,54 €/m²**
Angebotspreis AP (MK + VK)		31,32 €/m² + 48,54 €/m² = **79,86 €/m²**		
Angebotssumme AS (AP · Fläche)		79,86 €/m² · 78 m² = **6.229,08 €**		
Bruttorechnungsbetrag AS + gesetzl. MwSt. (Faktor 1,19)		6.229,08 € · 1,19 = **7.412,61 €**		

Zeichnerischer Teil

2 a) Detailzeichnung Calciumsulfatfließestrich Maßstab 1 : 2

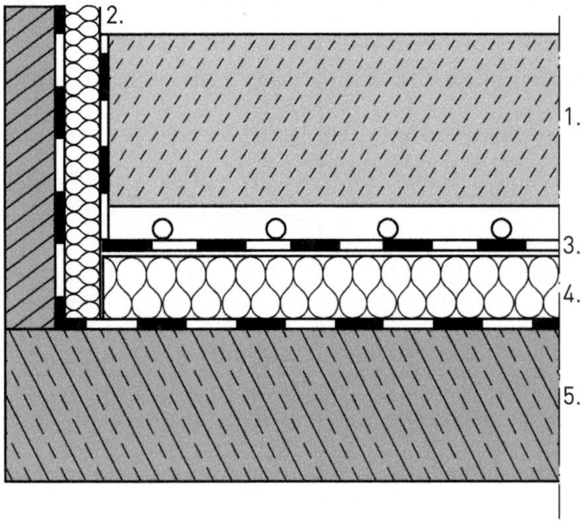

Aufbau von oben nach unten:
1. CAF C25-F4-S40 H45
2. Randstreifen d = 10 mm mit kaschierter Folie
3. Trennschicht PE-Folie
4. Dämmschicht d = 30 mm
5. Massivdecke mit PE-Abdeckfolie

Heizleitungen gegen Aufschwimmen auf dem Untergrund befestigen.
Überdeckung Estrich über den Heizrohren mind. d = 35 mm
Untergrund: Stahlbetondecke

Detail 1 : 2 CAF als Heizestrich, Bauart A

Technologischer Teil

2 b)

Vorteile	Nachteile
gute Verdichtung möglich, leichtere Verarbeitbarkeit	schwerere körperliche Arbeit beim Einbau
zwei Tage nach dem Einbau ist er begehbar und nach fünf Tagen kann er geringfügig belastet werden	nicht in Nassräumen, da feuchtigkeitsempfindlich

2 c) Verbundestriche sind mit dem Untergrund fest verbunden. Sie werden ausgeführt ohne Anforderungen an Schall-, Wärme- und Feuchtigkeitsschutz.
- Bei Estrichen auf Trennschicht wird ein kraftschlüssiger Verbund durch eine Trennschicht unterbunden. Beide Schichten können sich unabhängig voneinander bewegen. Große Spannungen, die durch Temperaturschwankungen oder unterschiedliche Ausdehnungen entstehen, werden dadurch vermieden.
- Estriche auf Dämmschicht sind weder mit dem tragenden Untergrund noch mit seitlich aufgehenden Bauteilen direkt verbunden. Der Estrich ist selbsttragend und wirkt lastverteilend. Durch seine Zweilagigkeit verhindert er vor allem die Trittschallübertragung, verbessert die Luftschall-/Wärmedämmung und den Brandschutz.

2 d)
- Ein Calciumsulfatestrich, CA, eignet sich für alle Anwendungsgebiete (Wohnungs-, Industrie-, Verwaltungs- und öffentlicher Bau) mit Ausnahme von Räumen mit ständiger Feuchteeinwirkung wie Bäder und Nassräume, da er feuchtigkeitsempfindlich ist.
- Ein Zementestrich, CT, kann nach 21 Tagen voll belastet werden. Er ist unempfindlich gegen Feuchtigkeit. Zementestriche weisen eine höhere Festigkeit auf, haben allerdings die Neigung zum Schwinden und zur Rissbildung. Zementestriche eignen sich ohne Einschränkung für alle Anwendungsgebiete.

2 e) Der tragende Untergrund muss ausreichend trocken sein und eine ebene Oberfläche haben (Massivdecke).
- Die Heizkreise und die Estrichfelder sind aufeinander abzustimmen.
- Es erfolgt die Verlegung der Wärme-/Trittschalldämmung mit Randstreifen.
- Anschließend wird die Trennschicht verlegt.
- Rohrleitungen werden beim Nasssystem in zwei Schritten eingebracht. Zunächst werden sie zu drei Vierteln mit Estrich umschlossen. Sie müssen befestigt werden, um ein Aufschwimmen zu verhindern. Heizrohre sind vor dem Einbringen des Estrichs mit Wasser zu füllen. Die Überdeckung des Estrichs beträgt $d = 35 \ldots 40$ mm über den Heizrohren.
- Bewegungsfugen sind zwischen den unterschiedlichen Heizkreisen und in Türdurchgängen auszuführen.
- Die Nennschicht bei einschichtigen Calciumsulfatfließestrichen (CAF) beträgt mindestens $d = 40$ mm.
- Das erste Aufheizen ist eine Inbetriebnahme und Funktionsprüfung, die bei Calciumsulfatfließestrichen bereits 7 Tage nach der Verlegung vom Heizungsmonteur für eine Dauer von 7 Tagen vorgenommen werden kann.
- Das Belegreifheizen erfolgt für einen Tag bei einer Vorlauftemperatur von 25 °C, die danach auf 55 °C erhöht wird.

2 f) Bei der Trocknung wird durch Kapillartransport Wasser an die Oberfläche transportiert. Die darin gelösten Stoffe, z. B. Kalk, können sich an der Estrichoberfläche ablagern und bilden dann die sogenannte Sinterschicht. Das Haftvermögen zwischen dem Estrich und dem späteren Belag kann somit vermindert werden. Deshalb ist die Sinterschicht durch Anschleifen oder Abschaben zu entfernen.

Rechnerischer Teil

g) Aufmaßfläche in m² des Erdgeschosses für einen Fließestrich

Pos. Nr.	**Bezeichnung**	**Stück**		**Abmessungen**			**Messgehalt**	**Abzug**	**reiner Messgehalt**
		+	-	**Länge**	**Breite**	**Höhe**			
	Erdgeschoss			Einheit: m	Einheit: m		Einheit: m²	Einheit: m²	Einheit: m²
1	WC	1		2,31	1,01		2,33		
2	Bad	1		2,31	1,82		4,20		
3	Flur	1		3,17	1,62		5,14		
4	Schlafzimmer	1		4,01	3,26		13,07		
5	Wohnen	1		7,76	4,01		31,12		
6	Küche	1		4,01	2,42		9,70		
7	Vorraum	1		3,26	2,32		7,56		
8	Treppenstufe		1	1,00	0,27			0,27	
	Summe						73,12	0,27	**72,85**

h) Länge der Randstreifen in Meter

Pos. Nr.	Bezeichnung	Stück +	Stück -	Abmessungen Länge	Abmessungen Breite	Abmessungen Höhe	Messgehalt	Abzug	reiner Messgehalt
				Einheit: m	(2,32-0,27 Treppenauftritt)		Einheit: m		Einheit: m
	Vorraum	1		2,05					
		1		2,32					
		2		3,26					
		1		0,40			11,29		
	Flur	2		3,17					
		2		1,62					
		1		0,25			9,83		
	WC	2		1,01					
		2		2,31			6,64		
	Bad	2		1,82					
		2		2,31					
		1		0,26			8,52		
	Schlafen	2		3,26					
		2		4,01			14,54		
	Wohnen	2		7,76					
		2		4,01			23,54		
	Küche	2		4,01					
		2		2,42			12,86		
	Summe						87,22		**87,22**

i) Kostenberechnung Fließestrich

Materialkostenberechnung (MK)	**Verbrauch**	**Verlust-faktor**	**Preis/Liefer-einheit**	**Größe/ Liefereinheit**	**Materialkosten gerundet**
CAF, $d = 45$ mm,	1,80 kg/(m² · mm) · 45 mm = 81,0 kg/m²	1,07	12,60 €/S.	40 kg/S.	27,30 €/m²
MW-Trittschalldämmplatten CP5	1,0 m²/m²	1,07	3,90 €/Pl.	0,75 m²	5,56 €/m²
Trennschicht PE-Folie (gleicher Verbrauch/Preis und Größe/Liefereinheit wie Schrenzlagenabdeckfolie)	1,15 m²/m²	1,07	54,00 €/R.	100 m²/R.	0,66 €/m²
Randstreifen MW	1,0 m/m²	1,07	1,40 €/St.	1,20 m²	1,25 €/m²
Summe Materialkosten (MK)					**34,77 €/m²**

	Vollkostenberechnung (VK) Beschreibung	**Zeitaufwand**	**Vollkostenstundensatz**	**Lohnvollkosten**
	Einbau Fließestrich einschl. Randstreifen	0,30 h/m²	59,20 €/h	17,76 €/m²
	Mineralfaserdämmplatten einbauen und Abdecken mit Folie	0,12 h/m	59,20 €/h	7,10 €/m²
Summe Vollkosten (VK)				**24,86 €/m²**
Angebotspreis AP (MK + VK)		34,77 €/m² + 24,86 €/m² = **59,63 €/m²**		
Angebotssumme AS (AP · Fläche)		59,63 €/m² · 65 m² = **3.875,95 €**		
Bruttorechnungsbetrag AS · gesetzl. MwSt. (Faktor 1,19)		3.875,95 € · 1,19 = **4.612,39 €**		